喻园心语

李培根 著

商务印书馆
2015年·北京

图书在版编目(CIP)数据

喻园心语/李培根著.—北京:商务印书馆,2015
ISBN 978-7-100-10768-6

Ⅰ.①喻…　Ⅱ.①李…　Ⅲ.①成功心理—青少年读物　Ⅳ.①B848.4-49

中国版本图书馆 CIP 数据核字(2014)第 234318 号

所有权利保留。
未经许可,不得以任何方式使用。

喻 园 心 语

李培根　著

商 务 印 书 馆 出 版
(北京王府井大街36号　邮政编码 100710)
商 务 印 书 馆 发 行
北 京 冠 中 印 刷 厂 印 刷
ISBN 978 - 7 - 100 - 10768 - 6

2015 年 1 月第 1 版　　　开本 880×1230　1/32
2015 年 1 月北京第 1 次印刷　　印张 9⅝
定价:36.00 元

自　序

　　华中科技大学背靠的一座山叫"喻家山"，故校园得名"喻园"。当然亦有教授提议改为"瑜园"的。《礼记》有言："师也者，教之以事而喻诸德者也。"著名哲学家马丁·布伯说过："教育的目的非是告知后人存在什么或必会存在什么，而是晓喻他们如何让精神充盈人生。"故我有点偏爱这"喻"字。

　　这本集子全是我对学生的讲话，包括在开学典礼、毕业典礼上的讲话，对学生的讲座，以及在其他一些场合对学生的讲话。

　　应该说，当初我走上校长的岗位有些偶然，因为自己在行政岗位上的历练太浅。及至做了校长，历练再怎么不够，也得对学生讲话。那些套路上的话我的确不太会讲，甚至有某位干部批评过：他怎么能做校长？一句政治性的话都不会讲！这话我也认。那怎么办？就由心地讲，就按自己的方式讲。

　　2005年秋季，也就是我上任校长后半年多，我出差到深圳。一位校友邀请我到他的企业去看看，正好那年他的企业在华中科技大学招了十几个学生。在我参观时，那十几个学生见了一下我。我问他们，你们认识我？（因为上任校长不久，怕他们不认识。）他们回答，认识。我问，在什么场合？他们说，在"同歌同行"晚会上，您还讲了话。我再问，记得我讲了什么吗？一个学生说出我讲过的话，我听了深受感动，此后我也更重视对学生的讲话。众所周知，对于大学及其校长而言，最重要的莫过于学生。既然如此，校长就应该用自己的心去对学生讲话。

开学典礼和毕业典礼是大学生最重要的活动之一。

进入大学，那可是人生的一件大事。大到什么程度，只要看看平均多少人送一个新生入学就知道了。从高中到大学的学习，变化是非常大的。让大学生尽快走上学习、生活的正常轨道，让他们少走一点弯路，这恐怕是大学生第一堂课应有的效果。而第一堂课的讲授者，从大学角度来说，非校长莫属。

于是乎，我以自己内心的感受、理解，从不同的角度，向新来的学生谈谈来大学后到底应该注意什么。这话题不是很好谈，或许是因为谈滥了，或许要说一些冠冕堂皇的话。然而，学生可不想听陈词滥调。

在大学生新的开端之际，我告诉同学们，"开端是止"、"开端是缺憾"；学习自然是大学生最重要的任务；我告诉同学们，"为了生命的过程而学习"、"无为而学习"、"要学习情感"、"情景学习"、"要在生活中学习"、"在实践中学习"等；实践是学习的重要环节，我对新生们说，"实践是强者的机会，懦者的借口"，"实践在社会中"，"实践在聆听奶奶的唠叨中，实践在扛起父亲的重担里，实践也在帮助母亲的家务中"，"实践在聪明里，也在憨笨中"，等等；我告诫同学们，要"价值超越"、"意志超越"、"视野超越"，"要超越自己的能力"，"要超越自己的直觉"；我希望他们具有"质疑"精神，质疑"需要追求"，"需要正义"，"需要勇气和胆量"，"质疑曾经的学习目的以及方式"，"有时候也需要质疑常识"，"要敢于质疑权威和先贤"；我告诉新生们文化素养的重要性，"专业知识能给你带来一份像样的工作，但只有文化才能给你带来大任与成功"，要识别和体验不同的文化，"北京的中关村、陕北的黄土地、武汉的市井小巷等都有其特定的文化，大学的教授们、政府的官员们、乡村的农民、城里的打工者身上都写着别样的文化"；我希望大学生们能自由发展，能"更好地成为你们自己"，"扣着良心，敞开着心扉，驾驭着欲望，你一生都会自由！"；对于大学生而言，心灵开放至关重要。对什么开放？怎么开放？诸如此类的问题，都是大学生在大学学习及生活中需要面对的，对他们的成长也是至关重要的。

毕业之际的相关活动更是大学生所看重的，毕竟在这个学校学习生活了几年，而这几年对他们一生的成长的确有特别的意义。很多面临毕业的大学生未必对踏入社会有了充分的心理准备。2008年前因限于场地，华中科技大学没有统一的毕业典礼。从2008年开始，因为有了新的体育馆，七八千大学生才有了统一的毕业典礼。毕业典礼上，校长同样得对学生说几句，就像一个大家庭，孩子们要出远门了，家长得跟他们唠叨、叮咛几句。

我"牵挂"着即将毕业的学生们。对那些豪情满怀、踌躇满志的同学,我想说:"你可以留下激扬文字,你还可以指点江山。然而,你也要常常低下头,脚踏实地。"对于那些迷茫的同学,我想说:"低下头,从脚下最不起眼的路起步,昂起头,仰望天空,太阳、月亮和星星对你和他人一样明亮。"我告诉同学们:"请不要吝啬你的牵挂!"

大学生当如何面对未来?"你若真把自己的未来看得那么透彻,人生可能也不那么有意思了。华中大教给你大智慧,不教给你小聪明。""不要嘲笑人们对未来美好的憧憬,不要玩弄人们对未来希冀的真诚。人间的美好需要你们去建设,社会的互信需要你们去呵护。同学啊,华中大教给你质疑批判精神,不教给你犬儒主义。""未来要说真话。你如果说真话,别人会倾听;你如果说假话,或许只有风会听。华中大教你对人说真话,不教你跟风说假话。"

我用黎巴嫩诗人纪伯伦的话告诫毕业生:"我们已经走得太远,以至于我们忘记了为什么而出发。"我告诫毕业生:"总不能为了国家的发展而发展,以致于忘记了发展的根本与要义;总不能为了特色而特色,以致于忘记了本应遵循的原则和前进的方向。"去远方的路上,也不必走得太快,要让灵魂跟上。

我叮咛同学们,要告别"啃老",告别"俗气",告别麻木,告别粗鄙,告别精神苍白。"告别权力崇拜同样是一场伟大的告别。"

有些前几年毕业的学生谈起来,说自己是"牵挂"那一届的，或是"记忆"那一届的，或是"未来"那一届的。这多少说明，一些学生受到了触动，留下了记忆。

也有学生当时未必感动，但毕业之后重读时感慨颇深的。如一位校友写道：

> 平心而论，在华科过了四年，听了四次根叔演讲，当年的我几乎没有什么触动，我仅仅是把根叔和他的演讲当做一种"另类的作秀"。直到毕业一年后的今天，我重读了根叔的四篇毕业演讲和一篇离任演讲，从《记忆》到《未来》，再到《远方》、《告别》，外加一个番外篇《遗憾》。现在的我完全不惊讶，为什么2010年毕业季时《记忆》横空而出，网上爆炸性的热论以及根叔被冠以"中国最亲民校长"之类的头衔，因为这些演讲的主角都是我们，哪怕是离任演说《遗憾》，字字句句离不开的还是他的学生。我以前未曾读懂根叔和他的演讲，时至今日，方才明白个中苦心。

的确也有批评的。有少数人说那是"作秀"，也有说我是"影帝"的。在当今中国确有不少"忽悠"者的时代中，人们有此种看法是完全可以理解的。但是，若认为众多大学生容易被忽悠，那是太低估他们的智商了。我们的一位著名教授在某报纸上发文，评述我的讲话，有很多该讲的都没有讲到。我承认，但是我至今都不知道，如何在一次毕业典礼上讲到所有该讲的东西。更有一位文化名人，曾与我有几面之交，在凤凰卫视的"世纪大讲坛"上，说大学校长怎么能那样讲话！所指就是2010年几乎国内所有网络和报纸都关注到的那篇毕业典礼上的讲话《记忆》。可能下面这段话是尤其令某些人士感觉不好的：

> 你们还有一些特别的记忆。你们一定记住了"俯卧撑"、"躲猫猫"、"喝开水"，从热闹和愚蠢中，你们记忆了正义；你们记住了"打酱油"和"妈妈喊你回家吃饭"，从麻木和好笑中，你们记忆了责任和良知；你们一定记住了姐的狂放，哥的犀利，未来有一天，或许当年的记忆会让你们问自己，曾经是姐的娱乐，还是哥的寂寞？

我能理解某些文化人士对网络语言的不屑一顾。其实，我也并不知道几个网络词，更无用网络词语的癖好。只是那年从报纸上经常看到类似的语言，觉得好不热闹。于是告诫同学们，从那些网络语言背后该明白什么道理。那些当年有些懵懵懂懂、凑热闹的同学回忆起当时的那些热词和趣事时，是否会感觉到自己曾经也有"姐的娱乐"、"哥的寂寞"（看，到现在，我还在说）。坦率地说，我对年轻人用网络语言还真没有讨厌的感觉（个别的词语除外），可能因为自己当过农民、工人，压根儿就不是一个高雅的文化人。

更有甚者，2010年10月5日凌晨1点到3点多，有人用不同的手机号向华中科技大学的很多中层正职干部、校领导、院士等发送一条很长的手机短信，对我进行激烈批判："毕业生最后一课，从俗如流，以此为荣，所以根叔实为根俗。共和国名校史上，首开先河。""入学新生，涉世不深，第一课根俗即大侃质疑，鼓动学生质疑权威，质疑学校。在成熟的教师队伍中，科学的质疑文化也尚未形成，鼓动学生质疑一切，难道国家的制度、领导体制也可质疑？""希望今后根俗在代表学校发表重要讲话之前，讲话稿提交党委或学校办公会审定。"

我不会改变自己的讲话方式。我怎么讲话，自然不会看别人的脸色。

"同歌同行"是一个毕业晚会，也是华中科技大学毕业活动的重头戏，校长也总得在上面说几句。在那样的会上，不可能长篇大论，我希望用其他的形式引发学生思考，如：

"我们从久远走来，看到他真自在：'我的茅屋子，风能进，雨能进，国王不能进。'"

"我们从久远走来，还要走向自由的远方。带上什么最宝贵的东西？'人类最宝贵的财产——自由。'"

"未来，
回家来，无论贫富狗儿迎候，
昂起头，即使弱势尊严仍在，
依偎着，直到逝去数码记载，
打开窗，假话空话随风吹开。
真诚信义——未来，原来是情感的私宅。"

也有过一些对学生的讲座，如关于"人的现代化"、"现代人格养成"、"心灵自由"、"我与你"等，这都是学生关心的话题。这些话题中，除了介绍某些学者和先贤的观点外，包含了我自己的见解和独特的视角，年轻人从中可以感受到一些自己未曾想到过的但又确乎有益于自己成长的观点。

总之，希望这本书对高中生、大学生以及已经毕业的年轻人都能够有所帮助，能够引发他们思考。

李培根

2014 年 7 月于喻园

目 录

开学典礼

转折——在2005级新生开学典礼上的讲话 ············ 003
开端——在2006级新生开学典礼上的讲话 ············ 007
学习——在2007级新生开学典礼上的讲话 ············ 011
实践——在2008级新生开学典礼上的致辞 ············ 017
超越——在2009级新生开学典礼上的讲话 ············ 025
质疑——在2010级新生开学典礼上的讲话 ············ 030
文化——在2011级新生开学典礼上的讲话 ············ 036
自由——在2012级新生开学典礼上的讲话 ············ 042
开放——在2013级新生开学典礼上的讲话 ············ 047

毕业典礼

牵挂——在2009届毕业典礼上的讲话 ············ 055
记忆——在2010届毕业典礼上的讲话 ············ 060
未来——在2011届毕业典礼上的讲话 ············ 065
远方——在2012届毕业典礼上的讲话 ············ 071
告别——在2013届毕业典礼上的讲话 ············ 076

同歌同行

母校与你们同行——2006年"同歌同行"晚会 ············ 083

准备好你的行囊——2007年"同歌同行"晚会	086
选择——2008年"同歌同行"晚会	090
我的太阳——2009年"同歌同行"晚会	092
记忆中——2010年"同歌同行"晚会	094
未来——2011年"同歌同行"晚会	095
我们从久远走来——2012年"同歌同行"晚会	097
随君东南西北中——2013年"同歌同行"晚会	099

心灵之约

我看人文素质教育	103
自由发展与人文情怀	120
心灵自由	132
人的现代化与教育	149
闲话人格养成	174
我与你	192

高中生·大学生

为人·为学·择学	221
我看基础教育——一个高等教育工作者的视角	233
从教育生态看中学与大学教育	241
敢于竞争 善于转化	253
以"人本"为团队之魂	272
你们永远是华中科技大学的孩子	282
点亮未来	290
让书籍丰富我们的梦想	293

开学典礼

转 折

——在2005级新生开学典礼上的讲话

亲爱的2005级新同学们：

首先，请允许我代表校党委、行政，代表全体师生员工向大家表示热烈的欢迎！

到大学来（或上研究生），于你们而言，是一次重要的转折。今天我想与你们谈谈转折的话题。

人的一生会碰到很多次转折，多数转折是社会性的，还有一些则是自己人生的转折。

你们生活在一个伟大的时代，一个向知识经济转移的时代。知识虽然从远古的时候开始就不断扩展，但从未像今天这样日新月异，从来没有像今天这样令人新奇，甚至令世人难以理喻。知识也从来没有像今天这样在社会经济、人们的生活中扮演如此重要的作用，而这个时代最大的特点，莫过于它对社会、国家、业界、大学乃至知识精英们施加的无穷无尽的压力，那就是不仅要学习、掌握、运用知识，而且要扩展、创造知识。这难道不是你们的责任？

你们生活在一个伟大的时代，一个向信息社会转移的时代。今天的信息伴随着知识的流动、物质的流动、价值的流动，伴随着人们的一切社会活动，它像幽灵一样，无所不在。如何在你们的学习、研究中充分利用信息，这是你们的责任。

你们生活在一个伟大的时代，一个正在走向经济全球化的转折时代。经济全球化像精灵，像恶魔，有人爱，有人恨；有人颂扬，有人诅咒。但无论爱与恨，无论颂扬与诅咒，人们不得不去适应它。我们的年轻学子，你们是否作好了准备，在全球化的浪潮中，不仅适应，而且要去接受挑战？未来几年，将是培养你们竞争力、挑战力的绝好时机。

你们生活在一个伟大的时代，正是中国老百姓从关注温饱转向关注生存质量、关注环境与健康的时代。在这样的一个伟大转折中，你们今后自然应该扮演关键的角色。

你们生活在一个伟大的时代，一个中国正在和平崛起的时代。五千年的文明古国，伟大的中华民族正期待着复兴和崛起，而你们这一代恰恰是中华崛起的希望，同学们，你们准备好了吗？

时代在转折，转折是机会，要把时代的转折转化为对社会贡献及人生发展的良性转折。

同学们，你们来到华中科技大学这所殿堂，是你们步入知识精英阶层的重要转折，是你们今后一生承担社会责任的转折。要实现这些转折，需要同学们首先实现学习、思维及行事方式的转变。

你们中的一部分，必须很快地完成从父母的呵护中向独立生活的转变。

你们需要尽快实现学习方式的转变。要从解题的技巧与追求分数中解放出来，你们或许曾经千锤百炼，熟谙此道，但是缺乏对思想或哲理的领悟，是永远不可能达到学习的高峰的。

对于多数人而言，你们可能要实现从被动学习到主动学习的转变。同学们已经习惯于学习老师传授的、前人总结的、共性的、一般的知识。仅仅这样是不够的，你们还要善于从一般知识中去寻找特殊，也要从特殊知识中去升华、凝练到一般。

我们教育中的一大缺憾是学生质疑和质询能力的缺乏。不管是医学、工程，还是理学，所有新的原理、发现、技术，都是源于对已有知识的质疑或质询。这其实就是批判和独立性思考。同学们，创新是中华复兴和崛起的根本，而批判和独立性思考则是创新的灵魂。

我们还要善于在学习中培养自己的团队、协同精神。这与在中学的学习是很不一样的。当今重大的科技研究或工程无一不需要协同精神，而对于有领导潜质的优秀同学而言，更需要通过团队和协同来提高自己的领导力。

同学们，你们面临的最大转折还是走向成熟。你们中间的绝大多数，正处在最有生气、充满活力的年龄，是人生观形成的时期，而成熟最根本的标志是人生观的形成。很多大师都认为，做学问先要做人。我们不仅要学习知识，更重要的是要恪守民族大义，坚定我们的信仰，修炼自己的德行。永远听党的话，把祖国和人民的利益放在首位，德在人先，利居人后。对于那些豪情满怀、志存高远的同学,这一点尤为重要。希望你们"宁守浑噩而黜聪明,留些正气还天地。宁谢芬华而甘淡泊,遗个清名在乾坤。"

人生的转折也不全是美好的。如果忘记中华民族的伤痕,忘记你们父母的含辛茹苦,忘记做人的基本律条;如果失去信仰,缺少学习的动力,沉迷于无聊虚幻的网络世界,如此等等,都会导致人生的悲剧。这是我们必须拒绝的。

华中科技大学是中国最具活力的大学之一。未来的几年,你们会在这里接受高质量的教育,会受到学校人文氛围的熏陶;你们会有展现你们能力的各种机会,你们还会学会如何独立思考。希望你们今后细细品味华中科技大学的活力所在,但愿她的活力使你们更加充满生气,也希望你们的生气更增添华中科技大学的活力。

最后,我衷心地祝愿你们,未来的岁月,文章恰好,人品本然。让在华中科技大学的经历,成为实现你们人生重大转折的基础!

谢谢大家!

(2005年9月9日)

开 端

——在2006级新生开学典礼上的讲话

同学们：

　　首先，请允许我代表学校党委、行政，代表全体师生员工向新同学表示最热烈的欢迎！

　　同学们！你们光荣地来到华中科技大学，来到这所全国著名的高等学府，这是你们人生新的开端。今天我不妨就开端与同学们说几句话。

　　开端是什么？

　　开端是一。一是初始，千里之行，始于足下。荀子言："不积跬步，无以至千里；不积小流，无以成江海。"你们要从小事，从最平凡的事开始你们人生的征途。一也是终结，好的开端当然会有好的结果。一又是道，"天得一以清，地得一以宁……万物得一以生。"我想说，人得一以立。就是说人只要不断去悟道，就能很好地立于世上。同学们，中国的传统文化里有道，科学技术里有道，马克思主义本身也就是道。希望你们尽可能通天地之道，识为学之道，晓成事之道，谙做人之道。只要你们有意识地这样做，你们便会有一个伟大的开端。

开端是止。天下万物皆有度,皆有止。譬如说,你们每一门课的学习,都要知道在什么地方停一下,想一想,回顾一下;也要知道在什么地方止住,以开始新的征程。想想人生的道路,就像滑雪,只有知道如何停止,才有可能知道如何加速;就像攀登高山,只有知道停下来,看一看,才更容易登上顶峰。其实,每一次停止,都是新的高度的开端。另外,人的欲望不能太多,要适可而止。人的一生,总会面对各种各样的诱惑,老子言:"知足不辱,知止不殆,可以长久。"能在某个欲望或者诱惑面前止住,绝对是一个好的开端。

开端是正。一加止为正。正是正当、正直、正气。学习有正,可以全面发展,不至于偏废;做人以正,方可以堂堂立于世上;开端是正,今后的路就有方向。

开端是成绩。你们今天之所以能进入华中科技大学,就是因为你们在高考中取得了优异的成绩。也正是因为这个成绩,成为你们人生的新的开端。今后的几年,你们要在这里不断取得新的成绩,也要让新的成绩成为你们攀登新的高峰的开端。

开端是缺憾。人生的美好也许恰恰是因为她存在缺憾。人的一生中一定会碰到各种各样的不如意、遗憾,甚至失败。也许你对没能进入你所心仪的专业非常遗憾,其实大可不必。你完全可以发现一片你未曾想到过的新的美好天地。今后你还会碰到很多缺憾,每当那时,你可试图去发现新的美,试图寻找新的天地,缺憾就一定能够成为成功的开端。

开端是挑战。无数成功人士都有一个共同的特点,就是能接受挑战。贝多芬如果不接受耳聋的挑战，怎么可能成为举世闻名的音乐家？同学们，其实很多事情你们也能够做到。准备好，接受挑战，让挑战成为你们的开端！

一个好的开端，需要我们首先明确自己的责任。

中国要成为创新型国家，中国要实现工业化，中国要成为社会主义强国，这一切就要靠你们，用你们的精神，用你们的智慧，去创造，去实现。同学们，为了这个国家和民族，你们有一份责任。

为了你们上大学，为了你们成材，你们的父母有多少期盼，有多少叮咛；更有多少操劳，有多少血汗！同学们，对家庭，你们有一份责任。

你们每一个人都有美好的事业远景。然而，远景的实现需要你们的奋斗与拼搏。同学们，为了你们自己，你们有一份责任。

一个好的开端，需要我们立下自己的志向。

北京大学的一些学子在谈论"修身、齐家、治国、平天下"，你们，华中科技大学的学子们，又该有什么样的志向？或许是领导者、科学家、企业家，或许是医生、工程师……未必需要豪言壮语，但是你们一定要成为有德之人，有用之才。

一个好的开端，需要我们树立科学发展观。

国家要讲科学发展，人也要讲科学发展。人的科学发展需要全面、和谐的发展。社会对人才素养的需求是多方面的，单一的专业知识显然不能满足社会对你们的要求，也不能满足你们的父母对你们成材的期望。你们不应该成为只懂技术、不谙人文的"空心人",也不能成为侈谈人文、不晓科技的"边缘人"。更重要的是,不能忘记思想道德修养,因为社会各行各业对这一点的需求是无一例外的。人以德为本,立人当立德,此言是也。当然也不能忘记,要永远保持身心和谐。

华中科技大学是你们人生事业的开端。

古之"大学"其实是"立人"的学问。今之大学其实是"立人"的场所。在华中科技大学,你们不仅会受到各种知识、技艺的训练,还能有机会参加各种人文讲座。有了大学的良好开端,你们将有可能"志于道,据于德,依于仁,游于艺",圆满地完成大学的学业,你们将可能顺利地转向"三十而立"。同学们,华中科技大学为你们提供了全面、和谐发展的平台,让今天就成为你们肩负自己的责任、实现自己的志向、科学全面发展的开端。

今天是你们以华中科技大学为荣的开端,是你们在华中科技大学立人的开端;相信不久之后,一定是华中科技大学为你们感到自豪的开端!

(2006年9月6日)

学 习

——在 2007 级新生开学典礼上的讲话

同学们：

首先，请允许我代表学校党委、行政，代表全体师生员工向新同学表示最热烈的欢迎！

同学们！你们光荣地来到华中科技大学，来到这所全国著名的高等学府，即将开始你们新的学习阶段。今天我不妨就"学习"与同学们说几句话。

一、为什么学习？

你们已经知道为了国家、为了民族、为了家庭，也为了你们自己而学习，这是理所当然的。

我要说，还要为了某种未知而学习。这个宇宙和世界中，有太多的未知需要我们学习，需要我们探求。人类的未知还太多，你们的未知就更是没有穷尽了。对未知的渴求应该是一个人有知识、有抱负的标志之一。

我想说，还要为了某个梦想而学习。"我有一个梦"，这是世界千年名言之首。人之为人，不能没有梦想，然而梦想的实现一定需要学习。

我还要说，为了生命的过程而学习。其实，学习就是成长过程之关键。成长中一定需要学习，人都要在学习中成长。当国家和你们的家庭为你们提供如此好的学习条件的时候，你们更应该珍惜这个机会。

我还想说，既然为了生命的过程而学习，更进一步，就要无为而学习。著名教育家杜威言"教育本身并无目的"，其意义恐怕也在于此。真正的无为乃是无所不为。

二、学习什么？

你们已经知道要学习马克思主义，你们已经知道要学习科学与人文知识，这是不言而喻的。

我要说，你们还要学习社会。虽然你们来到大学这个知识的殿堂，可千万不要忘记了解和学习社会。高尔基的大学不就是社会吗？学习社会，你会充满希望和激情；学习社会，你会坚定信仰和方向；学习社会，你们可以齐家治国；学习社会，你们可以走向四面八方。

我想说，你们还要学习情感。一个没有健康情感的人是不健全的人。责任是一种情感，尤其是青年人，对家庭、社会、国家、民族，乃至一个小集体，都应该有一份责任；同情是一种情感，恻隐之心，人皆有之，尤其对于弱势群体或弱者，现代青年更应该充满同情；爱心是一种情感，社会因为充满爱心而更文明，环境因为人类的爱心而更美好，你们因为充满爱心而更有魅力、更有前途。

我还要说，你们要学习竞争。生态的繁荣需要竞争，人类社会的进化需要竞争，你们的发展一样需要竞争。竞争需要追求卓越，竞争需要创造。

我还想说，你们要学习和谐。社会需要和谐，环境需要和谐。为了社会和环境的和谐，你们能做什么？你们要学习如季羡林先生所言的自身和谐。没有自身和谐，你们很难为社会和环境的和谐作出贡献；没有自身和谐，你们可能迷失自我，失去目标，还可能陷入茫然、苦闷、挣扎，甚至崩溃。

三、怎样学习？

你们已经知道怎样在课堂上、在书本里、在实验室学习，这都是必要的。我还要告诉同学们，懂得情景学习、能动学习、技巧学习。

其一，情景学习

我要说，你们应该懂得在集体中学习。孔子言："三人行必有我师。"爱因斯坦在学生时期，和几位好友自发组织了"奥林匹亚学院"。爱因斯坦后来认为，他从中受益匪浅，尽管其他几位并未成大名。在你们的一生中，即便是大学期间，将身处许多不同的集体，你们的学习源泉是不会有穷尽的。留心吧，同学们，在集体中向他人学习。

我想说，你们要在生活中学习。杜威言："教育是生活的过程，而不是将来生活的预备。"也就是说，学习实际上应该是生活过程中的一部分。你们生活在社会中，生活和社会就是取之不尽的学习源泉。生活中有社会的各种需求,生活中有各种知识的再现。在生活中你可以学到情感,还可以学到意志。

我还要说,你们应该懂得在实践中学习。实践是认识事物、改造世界的最基本的方式。袁隆平的长期实践使他能作出造福人类的巨大贡献;吉林一汽的技校毕业的王洪军不断在实践中学习总结,在轿车修复方面作出了系列的创新;革命领袖的伟大实践更是改变了世界。你们还要学会主动实践,即主动地寻找实践的对象以及解决实际问题的方法,而不是依赖老师的被动实践。除了老师要求的实践课程外,你们完全可以自发地参加一些课外实践活动。第二课堂和研究团队正在成为华中大的光荣传统。

我还想说,你们要在理想和志向的情景中学习。理想和志向是心灵中的情景,也是未来的情景。要设计或布置一个美好的情景,就需要很多方面的知识,就需要你们不断地学习。要把心灵中的情景变成未来现实的情景,又需要更多的知识,并且往往是书本上学不到的知识。你们的师兄陈志锋*,就勾勒了一个美好的情景,他想创业,他想设计比蒙娜丽莎还美的系统架构。在这个情景中,他在努力发奋地学习。

其二,能动学习

我要说,你们要懂得主动学习。课堂永远只是学习中的一

---

* 陈志锋,环境学院2005级学生,2007年8月在韩国首尔举行的微软世界大学生"创新杯"大赛上,获得IT设计世界冠军。他对记者表示,他想自主创业,要设计出比蒙娜丽莎还美的系统架构。

小部分。真正的主动学习，是以学习者为中心，而不是以教师为中心。只有主动学习，才能真正调动自己的潜能，发挥自己的主观能动性。

我想说，你们要学会乐观学习。子曰："知之者不如好之者，好之者不如乐之者。"此乃乐观学习之谓也。既然学习是生活的一部分，就应该乐观地对待它，不管你在轻松地学习，还是困难地学习。其实，只要善于在未知中寻找兴趣，你就能永远乐观地对待学习。你们还要乐观地对待贫穷和困难，那其实也是一种财富。黄永玉曾经在他租住的没有窗子的小屋中大笔一挥，便生出一个窗子，虽是苦中作乐，但其乐观精神可见。

我还要说，你们要懂得感悟学习。在学习中感悟，在感悟中学习。要把学到的知识升华、凝练，需要感悟。日常生活、世上万物，皆蕴含着很多哲理，要理解它们，需要感悟。

我还想说，你们要尽可能地本能学习。真正优秀的学习者会把学习变成一种本能，一种习惯。他能在一切非例行学习状态下挖掘知识、汲取营养。

其三，技巧学习

我要说，你们要懂得能力学习。不仅要学习知识，更重要的是培养自己的能力。知识一般都容易在书本上找到，然而某些能力是很难从书本上学到的，即使书上详细地介绍，也很难直接从书本上学到。真正的能力学习需要去直面人生，融入社会，勇于实践。

我想说，你们要明白博约学习。博而反约，博约相济。博是博学多识，多闻多见之谓；约，只是知其要也。既要有知识的广度，又要有知识的深度。要学会把一本书越念越厚，也要学会把一本书越念越薄。要知道精读，也要懂得泛读。

我还要说，你们还要学会质疑学习。要在问题中学习，社会以及我们所知道的科学与技术永远是不完美的，永远存在许多问题。正是在问题中，人们有可能重新认识世界，创造新技术，乃至改造世界。你们要善于发现问题，其实问题就是机遇。你们还需要有质疑的习惯。创新在很大程度上是建立在质疑的基础上的。不质疑苹果为什么从树上掉到地上，牛顿恐怕难以发现万有引力定律。

我还想说，你们还要学会路径学习。有些时候，不要走人家的老路。你们当然需要大路上的学习，即是一般规律的学习内容与方法。这些你们很容易从老师那儿学到。然而，真正体现学习水平的是自己在边缘路径上的探索，以及在崎岖山路上的攀登。

同学们，你们经过了多年的努力与奋斗，今天才有机会进入这所著名的大学。千万别以为你们已经知道学习的真谛了。在大学，比学习具体知识更重要的是要明白和悟出学习的道理。方如此，你们不但是在大学的道路上，而且在未来人生的道路上才会越走越宽广。同学们，学出你们人生的灿烂，学出华中大的辉煌！

（2007 年 9 月 6 日）

实　践

——在 2008 级新生开学典礼上的致辞

同学们：

首先，请允许我代表学校党委、行政，代表全体师生员工向新同学们表示最热烈的欢迎！欢迎你们来到华中科技大学，开始你们人生新的阶段。

同学们，有两个字是你们非常熟悉的，并且和你们今后四年的学习以及你们整个人生都密切相关，那就是"实践"。今天，我不妨就此与你们谈谈我的看法。

一、实践是什么？

你们大概都知道，实践是学习的重要环节。其实，实践本身就是学习。知识归根结底源于实践，也要在实践中接受检验或者应用于实践。

实践是创新的过程，也是重复的过程

绝大多数创新之关键正是实践。爱迪生的创新不都是源于实践吗？当代众多的科学发现也是源于实践。一汽大众的王洪军只有技校学历，他正是在深入探索的工作实践中才取得了一系列创新，并获得了国家级奖励；而袁隆平院士在几十年的实践中所取得的创新成果使世界亿万人受惠。

然而，更多的情况是，实践是对前人工作的重复。

实践是强者的机会，懦者的借口

对于强者而言，即使是艰苦的实践，其中必定孕育着机会。南非独腿女运动员纳塔莉在今年北京奥运会上，参加游泳10公里马拉松比赛，而且在25名运动员中列第16位，她向全世界展示了一个英雄的形象。人们可以想象，此前她又经过多么艰苦的实践！

对于懦者而言，缺乏实践的机会或缺乏机会的实践都可以成为其失败或者无所作为的借口。

实践是善行的升华，也可以是恶习的养成

当仁善升华到一定的程度，就会伴随着伟大的实践。印度修女特丽萨的善行令全世界人民称道。汶川地震中，小小的林浩救出了多个伙伴，幼小的心灵中，就有仁善的闪光。

而对于某些人，不良行为甚至恶习在他们的实践中却不知不觉地养成。同学们，请记住，实践应该是道德的外化，或者说道德应该成为实践的指南。

实践是成功之源，也是失败之基

实践引领未来之路，它既可能为你的成功铺就一条大道，也可能为你的失败搭建一个滑梯。不是吗？比尔·盖茨在大学时关于个人计算机的实践不就是他日后成功的源泉？而少数同学在大学中的不良行为，完全可能成为他今后失败的基础。

二、实践在哪里?

实践在校园里

同学们,除了课内实验室中的实践活动,你们还可以尽可能地参加课外创新实践活动。问一问"联创团队"、"Dian 团队"的师兄师姐们,他们会告诉你们,在华中大校园里,课外创新实践活动已经蔚然成风。新成立的"启明学院"将为优秀的学子提供更好的创新实践活动环境。

在校园里,你们的实践也在与老师、同学们之间的交流和沟通中。校园里还有众多的工人师傅、年轻的保安等等,他们无时无刻不在为你们服务。别忘了,把对他们的尊重融入与他们之间交流沟通的实践中,与他们见面时请彼此微笑致意。微笑是爱的开端,也是你受到尊敬和拥戴的开始。

实践在社会中

高尔基 11 岁就流落"人间",开始独立谋生。他没上过大学,"人间"就是他的大学。在"人间"的实践使得他学到了很多在大学难以学到的知识。

在华中科技大学,你们的某些师兄师姐除了进行校内的实践活动外,还积极参加校外的实践活动。公德长征、烈士寻亲等实践活动在中国大学生中产生了积极的影响。

假期是你们参加社会实践的最好时段,在田野里流下的汗水,在车间沾染的油污,一定会肥沃、滋润你的心田。

社会中有代表先进力量的各种人群,如在科技一线的创新者、保卫国家和人民安全的战士，等等。社会中，还不乏弱势的人群，有的挣扎在贫穷里，有的木然于绝望中。不管是先进阶层，还是弱势群体，同学们，去了解一下他们，去读懂他们。在那些人群中，或许你们会读懂中国，读懂世界，也会进而读懂你们自己的人生。

实践在家庭中

别忘了，常回家看看。在奶奶的怀中，在父母的膝下，你可以尽情享受爱。别忘了，你更应该进行爱和孝的实践。实践在聆听奶奶的唠叨中，实践在扛起父亲的重担里，实践也在帮助母亲的家务中。记住特丽萨修女的话，爱的源头在家庭。

实践在贫穷里，也在富贵中

也许你家境贫寒，身处困境。比尔·盖茨说："你的困境不是你父母的过错。"其实贫穷也是一种财富。美国第16任总统林肯的童年是一部贫穷的简明编年史。在你们这个年龄，他四处谋生。贫穷铸就了他的意志，塑造了他的人格，最终成就了他的伟大。另外，当今的社会崇尚和谐，永远需要一些人为改变贫穷、帮助贫穷而进行各种形式的实践。1979年的诺贝尔和平奖授予修女特丽萨，就是表彰她"为克服贫穷所做的工作"。

也许你家境富裕，可千万别指望父母的庇荫。华人首富李嘉诚的两个儿子李泽钜、李泽楷在美国斯坦福读书期间，只有最基本的生活费。现在，人称"小巨人"的李泽楷当年还曾经在麦当劳卖过汉堡，在高尔夫球场做过球童。

日后某一天，也许你会成为亿万富翁。富贵中的比尔·盖茨毅然决然地从他一手创建的微软公司退休，并捐出他全部的580亿美元的资产。那就是一个富贵者的伟大实践。

实践在聪明里，也在憨笨中

一个人的伟大实践当然在其聪明中。然而，另一方面，成大功者也需要一些憨笨。抱朴守拙往往是大智慧，所谓大智若愚也。

实践无所不在

阿基米德因一次洗澡而最终发现浮力的原理。伽利略看着天花板上来回摇摆的灯，进而发现了摆的物理规律。

你的生活中，实践无所不在。一朵花、一片纸屑、一个馒头，甚至一滴水，等等，都是你会遇到的。可见，实践不就是蕴藏在很多平常的事物中吗？一个人的素养往往也就体现在这些实践的细微之处。

实践不在虚幻中

计算机及其网络是当代社会最伟大的进步之一。然而，它展现的亦真亦假、亦实亦虚的世界对某些年轻人具有巨大的诱惑力。同学们，实践无所不在，却不在虚幻中。千万别沉迷于网络、沉迷于游戏。它会毁掉你多年的刻苦努力，它会毁掉你的美好前程，还会冰冷你那含辛茹苦的父母的那颗苦心。

三、实践需要什么？

实践需要眼光

尽管实践无所不在，你还是需要选择你的实践。选择就需要眼光。比尔·盖茨关于个人计算机的实践之选择无疑需要深邃的眼光。孙中山先生的革命实践就在于他看到中国的封建社会已经走到尽头。

即使是与你的课程相关的实践，也需要眼光。你最好自己去寻找实践的对象、目标、方法、程序等，而非等待老师告诉自己。也就是说力争主动实践，而非被动实践。记住，主动实践是创新能力培养的关键。

实践需要感悟

人们看到一棵苹果树，或许会去欣赏果树的美丽、果实的丰硕，而牛顿却要想苹果为何往地上掉落。牛顿的感悟使他最终发现了万有引力。

老子视物而思，触物而类，三日不知饭味。他遍访相邑之士，遍读相邑之书，遇暑不知暑，遇寒不知寒。他由最普通的事物感悟到宇宙、人生、治国等方面的许多哲理。如他从最常见的水可以悟到："天下柔弱，莫过於水，而攻坚胜者，莫之能胜，其无以易之。"

实践需要毅力

一个人的成功永远是与意志和毅力相伴而行的。居里夫人的最高原则是：对任何困难都决不屈服！爱因斯坦认为，居里夫人的功绩"不仅仅是靠大胆的直觉走通，而且也靠着难以想象的和在极端困难情况下工作的热忱和顽强"。

19世纪末20世纪初的意大利经济学家巴莱多发现巴莱多定律。他认为，在任何一组东西中，最重要的只占其中一小部分，约20%，其余80%尽管是多数，却是次要的，因此又称

"二八定律"。生活和事业中普遍存在"二八定律"。成功也符合"二八定律",成功最重要的因素,可能只占20%,然而却要付出80%的努力。在你们今后的实践中,千万别认为"基本完成了"、"大概可以了",其实离成功还有80%的艰苦历程,那可是需要你的精细、坚持和毅力。

实践需要爱心

成功者无一不需要爱心,伟大的实践无一不需要爱心。

爱因斯坦等伟大的科学家都具有一颗爱心,那是对人类的爱,对和平的向往。一个拥有爱心的人一定会得到更多人的支持,自然也会有更多的成功机遇。

传奇商人胡雪岩8岁时,一次替人家放牛,一个小伙伴不小心滚下山沟,其他小孩见状吓跑了,而他沉着勇敢地下去救那个小伙伴。他的爱心使他在日后的经商生涯中取得巨大成功。

特丽萨的伟大实践更是靠爱心的支撑。

去了解一下华中科技大学的胡吉伟吧,他的爱心使他永远为华中大人所铭记。

实践需要诚信

孔子曰:"民无信不立。"孟子曰:"诚者,天之道也;思诚者,人之道也。"即使在最受质疑的商界,要想取得巨大成功,依然要靠诚信。"你必须以诚待人,别人才会以诚相报",李嘉诚正是以这种信条使自己成为商界的超人。

同学们,你们知道了实践是什么,知道了实践在哪里,你们就能在今后四年的大学生活乃至整个人生中去选择你们的实践；知道了实践需要什么，你们就能以毅力、爱心、诚信等去进行你们的实践。同学们，你们正处在一个伟大的时代，时代会给你们伟大实践的机会，伟大实践会成就你们人生的辉煌！

　　谢谢大家！

（2008年9月8日）

超 越

——在 2009 级新生开学典礼上的讲话

同学们：上午好！

首先请允许我代表学校党委和行政向新同学们表示热烈的欢迎。

我很难有机会给同学们讲课，今天我在这里给大家聊聊，主题是"超越"，权当是你们进入华中科技大学的第一堂课。

只要稍微放眼我们的国家和世界，你就能感觉到中国在超越，社会主义在超越，中国共产党也在不断超越自己。

还是多说说咱们学校吧。超越是华中科技大学的光荣传统。这所学校，没有显赫的历史，也少有妇孺皆知的大师级人物，但她已实实在在成为中国的名校之一，有人甚至认为"华中科技大学是新中国高等教育的缩影"。这靠的是什么？其中之一是超越精神。当年激光在中国还鲜有人研究的时候，我们却迅即组织了一支多学科队伍，开展激光领域的研究。随后的故事便是超越，超越给我们带来了激光国家重点实验室和激光国家工程中心。曾几何时，数控技术在中国，国家不可谓不重视，科技人员不可谓不努力。但几个五年计划之后，相关的官员和科技人员都感叹,"三打祝家庄,屡战屡败"。很多人灰心了,丧气了。但华中人不服气,不信邪,随后的故事也是超越。超越给我们带来了在中国高校独树一帜的"华中数控",超越使华中数控成为中国机床行业自主创新的典型之一。前几年,当科技部宣布依托华中科技大学筹建"武汉光电国家实验室"的时候,不服气者有之,疑虑者更有之。今天"武汉光电国家实验室"大楼及其里面正在发生的故事,在某些人的疑虑与不解中,诉说着华中大人的超越精神。前两年国家正式批准的"脉冲强磁场大科学设施"落户我校,这甚至是很多华中大人自己也不曾想到的,这依然是超越的故事。今天,华中大还在、并且将不断地超越。我们能在别人的漠视和不解中超越,我们更要能在校内少数人的质疑和哀叹中超越。华中大要超越人们的常规思维,超越我们的现实条件,超越我们的梦想,最终超越我们自己。

看一看华中大的校友,那里书写着太多的超越故事。吴孟超,这个在中国医界获得至高荣誉(国家最高科技奖)的医学大师,可是咱们同济的校友。他率先打破肝脏外科的禁区,他超越了。2006年麦颖珊成为第一个以个人身份登上南极大陆的中国人,她的超越让"华中科技大学"的旗帜第一次在南极大陆上飘扬,她的事迹,代表着新一代华中学子勇于超越的精神。汪潮涌被不少媒体称作"最敢玩的富人和浪漫的投资家"。当他花费4亿元人民币组建"中国之队"去参加美洲杯帆船赛的时候,他的某些朋友甚至认为他肯定是疯了。然而,他超越了自己，超越了人们的想象。2002年才从环境学院毕业的校友占美丽，两三年后就被评为"全国优秀共青团员"、"感动青岛十佳人物"、"山东省十大杰出青年"，她超越了人们的习惯和偏见，把知识和智慧播撒到垃圾场的每一个角落。

超越还是华中大教育之魂的具体表现之一。这里提倡"一流教学，一流本科"。"人本"，具体来讲就是"以学生为本"，是华中大教育之魂。而最大的"以学生为本"就是挖掘学生的潜能，使学生尽可能超越自己。当然，这也需要教师不断超越自己，从而不断引领和启迪学生的超越。你们可以了解一下启明学院，那就是华中大及部分教师和学生试图超越自己的一块试验田。你们还可以问问"Dian团队"、"联创团队"的师兄师姐们，他们已经书写了太多超越的故事。

同学们，未来的几年，你们学习的成功与否主要不在于你们的绝对成绩，而在于你们超越自己的程度。这里，我不妨再给你们一点建议，如何超越自己。

首先是价值超越。意思是说，你要树立一个好的人生价值观。孙中山先生说："事功者一时之荣，志节者万世之业。"1782年，华盛顿在有人劝其担任美利坚合众国国王时说："我憎恨并强烈谴责这种会毁灭我的祖国的极为有害的观点。"价值观的超越成就了他们的伟大。读大学，不仅仅是为了今后有一份好工作、好收入。每个人对人生都有追求的目标，不同的追求导致不同的境界。价值观决定了你未来的人生境界，也决定了你未来发展的境界。你们这些未来的知识分子应该成为社会的脊梁。具备脊梁意识首先需要对自我功利的超越。价值观上的超越并非高不可攀。时而想一想你所碰到的或熟悉的芸芸众生，看一看智者的更高的人生境界，问一问自己有什么责任。你试图这样做的时候，实际上就是试图超越自己。此外，别忘了你在升华自己的人生价值观的时候，注意尊重底层大众的生存价值观，那同样是一种超越的境界。

其次，需要意志超越。贝多芬青年时便已感到听觉日渐衰退，但是，他对艺术和生活的爱战胜了苦痛和绝望，苦难变成了他的创作力量的源泉。他以坚强意志创作的《英雄交响曲》是贝多芬精神超越的标志，同时也是他"英雄年代"的开始。同学们，当你还没做完今天的事情而想歇息的时候，当你学习碰到困难的时候，当你沉迷于网络的时候，当你生活拮据的时候，当你花钱如流水的时候，当你气喘吁吁跑不动的时候……那就是你超越意志的时刻。

其三，视野超越。《世界是平的》(The World Is Flat)是托马斯·弗里德曼最畅销的著作。他本是一个新闻工作者，但由于其非凡的全球化视野，使全世界的政治家、教授、企业家等成为他著作的忠实读者。而在他最近的新作《世界又热又平又挤》中，依然以他的大视野给我们讲述世界"今天的状况：太热、太平坦、太拥挤"，此状况对于国家、社会、公司和个人而言又意味着什么？一个人视野的宽窄决定了他事业和成就的大小。更宽的知识视野当然是好的，但更重要的，常常关注一下国家、社会的发展以及世界的风云变幻，时而看一看当今人类生存所面临的困境，偶尔思索一下方方面面的问题，问题视野可比知识视野更重要。

其四，要超越自己的能力。知道你自己的潜能有多大吗？上世纪初，美国心理学家威廉·詹姆斯曾提出假设：一个正常健康的人只运用了其能力的10%。稍后又有学者玛格丽特·米德撰文，认为不是10%，而是6%。而根据奥托的估计，只占4%。当你学习不顺利的时候，当你面对难题的时候，要相信你自己的潜能。记住，经常提醒你自己，其实你能！

最后，要超越自己的直觉。想象一下，把一张足够大的白纸折叠51次，会有多高？通常人们想象如楼、如山那么高。差太远了，它超过了地球和太阳之间的距离，其厚度之恐怖远超出人们的直觉与想象。在学习和研究中，需要养成质疑自己直觉的习惯。我们还要超越某些已经形成常规思维的直觉。美国第16任总统林肯在回答某议员批评他为什么要试图跟政敌做朋友时说："我难道不是在消灭政敌吗？当我使他们成为我的朋友时，政敌就不存在了。"能够超越直觉、超越常规思维的人永远比别人高明。

同学们，以上一切，没有难以理解的知识领悟，只需要自己自觉的人文体验。请在自我体验中超越，在超越中体验。同学们，让我们与华中大一起超越！

（2009年9月7日）

质 疑

——在 2010 级新生开学典礼上的讲话

亲爱的 2010 级新同学们：

你们好！

首先请允许我代表学校党委和行政向你们表示最热烈的欢迎！欢迎你们来到充满活力和激情的华中科技大学。

来到这里，你们或许会回味、也许是庆幸少年时代的结束，庆祝你们新时代的开始。在中学和大学里，主要任务都是学习。在大学的学习生活即将开始之际，你是否开始质疑你中学的学习方式？你是否质疑你的学习目标？同学们，也许对青涩时代的质疑能成为你今后成熟的开始。

耶鲁大学校长莱文谈到中美大学生差异时曾说过，中国大学生相对欠缺质疑精神。现在进大学了，该正视这一点了。

你们的确要学会质疑。在中小学时期，你们确实缺少质疑的训练。你们习惯了培优的课堂，习惯了解题的技巧，习惯了考取名校的目标。你们质疑过吗？人生的真谛是什么？成功的诀窍是什么？踏入社会的本钱又是什么？所有这些，却并非是培优的课堂、解题的技巧、名校的光环。

让我们回顾质疑的力量。

当今以色列文坛最杰出的作家阿摩司·奥兹认为，质疑是犹太文化的一个秘密。我认为这也是犹太民族保持巨大创造力和旺盛生命力最重要的因素。

质疑是创造的基础，是激励、激活创造性思维、产生求新求异欲望和敢于进行创新活动的源泉，是人类社会发展的不竭动力。

质疑是科学进步的基础。哥白尼正是质疑托勒密体系，使他成为推翻"地心说"的第一人，也使他真正成为近代科学质疑的第一人。

质疑是技术进步和产业发展的基础。法拉第对是否可能由磁产生电的质疑使他发现了电磁感应现象，随后使人类进入了电气时代。没有对大型机功能的质疑，便不会有个人电脑的出现，更不会有划时代的微软和比尔·盖茨。

质疑也是社会发展的基础。在改革开放前夕的中国，有人开始质疑真理的标准，随即引发的关于真理标准的大讨论，逐步产生了"实践是检验真理的唯一标准"的共识。那便是中国一直持续到今天的改革开放的理论基础和思想准备。可以说，没有质疑就不会有"实践是检验真理的唯一标准"的共识，没有质疑就不会有第一次思想大解放，没有质疑甚至不会有中国近三十多年翻天覆地的变化。同学们，这就是质疑的力量！

让我们看看质疑需要什么。

质疑需要追求。质疑需要追求真理、需要求是。同学们，"求是"是我们校训的基本成分。求是就是要求我们不断追求真理，不管你是有志于科学发现还是政治引领，追求真理是其共同的品质。

质疑需要正义。人类社会需要和谐，和谐的基础是正义。青年知识分子要有良知和责任，这些都源于基本的正义感。不讲正义的质疑甚至是有害的。同学们，如果你想成为一个真正的人、大写的人，你应该会质疑很多社会现象，其基本的需要就是正义。

质疑需要勇气和胆量。那是因为，质疑的对象往往和权威联系在一起。布鲁诺实际上质疑了教会的权威。在当时，那可是绝对的权威。更多的人在工作和生活中，都会碰到权威。学科中的领头人、单位的领导乃至高级官员，都可能是权威的代表。有时候，质疑会不经意地挑战权威；有时候，质疑的对象可能直接是权威。如果你真是为了追求真理、追求正义，质疑权威就不可怕了。布鲁诺为了追求真理，使他勇敢地面对刽子手说："你们宣读判决时的恐惧心理，比我走向火堆还要大得多。"同学们，想想布鲁诺在罗马的百花广场上英勇就义时的情景，那需要何等的勇气和胆量！

如果用一句话表示质疑最需要什么，就是需要科学精神。求是、正义、勇气等，不过是科学精神与品质的外在表现。

你们最需要质疑什么？

你们首先需要质疑曾经的学习目的以及方式。在中学里，很多同学为了考取大学或者一流大学而学习。虽然这也算是情理之中，但目标和目的显然不高。中学里，你们习惯了老师的灌输,你们致力于掌握解题的技巧,然而却忽略了思想与哲理的领悟,忽视了自己潜能的开发。

要敢于质疑权威和先贤。亚里士多德认为,"物体下落速度和重量成比例",而伽利略的质疑以及他在比萨斜塔上做的实验推翻了先贤亚翁的学说。

有时候也需要质疑常识。曾经,"地心说"就是那时的常识。后来的质疑终于使人们认识到当初"地心说"的"常识"并非真理。即使某一个常识并非谬误,但对它的质疑可能促使对其更本质更深刻的认识。牛顿质疑苹果为什么会掉到地上,物体自由落体时掉到地上难道不是常识?牛顿的质疑产生了对自由落体物理本质的认识。更深层次、更本质的认识其实也是一种发现。即使常识就是真理,至少从学习的角度而言,质疑也可加深对真理或知识的认识深度。

高明的人常常质疑自己。有时需要质疑自己已有的选择,有时需要质疑自己的行为。当你对网络或游戏产生一种特别的快意时,一定质疑自己是否已经对网络或游戏产生不正常的沉迷。万一有一天你陷入其中而难以自拔时,你更需要质疑自己的行为,自己的责任何在?

有时候不妨质疑自己的质疑。可以质疑一下自己的质疑是否有道理、是否有意义。质疑自己的质疑或许是一种"否定之否定",学习中的这种质疑往往能使你对知识的理解或感悟进入一个更高级的阶段。

在华中科技大学,你们还可以质疑这所学校的某些做法,还可以质疑校长。质疑与批判的自由正在成为华中大的一种文化。当质疑的利剑高悬，华中大和她的校长就永远不会忘记"以学生为本"，华中大也会在质疑中前进，在批判中成长，在质疑与批判中步入一流。

同学们，关于质疑，你们知道还要注意什么吗？

疑问是质疑的基础，或者说质疑发端于疑问。真正的学习一定要有疑问，没有疑问的学习不能算作真正的学习。清人刘开《问说》中言："君子学必好问。问与学，相辅而行者也，非学无以致疑，非问无以广识。"清朝另一学者陈宪章认为，"学贵有疑，小疑则小进，大疑则大进"，可见疑问之重要。"疑"不要仅停留在自己心中，有疑则问。在老师心目中，没有愚蠢的问题，而讥笑提问者却是愚蠢的。当然，疑问还不能算作质疑，或许可以说疑问只是学习的初级阶段，质疑则是学习的更高级阶段。

质疑常常产生于逆向思维。有时候真理就潜藏在对常识的逆向思维中。法拉第不就是对电产生磁的现象进行逆向思维才发现磁也可以产生电吗？

质疑不需要虚荣。当质疑权威时，免不了有人说不知天高地厚；当质疑常识时，免不了有人说连常识都不懂。虚荣的外衣没有用，不妨用你的本真去求是和追求真理。

质疑不需要功利，甚至不需要目的。孟德尔家境贫寒，为了探索遗传的奥秘，他进行了长达八年之久的豌豆实验。他的研究成果被埋没三十多年后才为科学界所承认，直到他去世前也没能看到应得的荣耀。但是，科学精神而非功利支撑了他对研究的兴趣与信心。也许你们看到今天的社会很功利，但是请相信，中国恰恰将在你们年轻一代身上找回科学精神，在你们之中呼唤出更多的"赛"先生。这可是中国之希望所在。

质疑不是怀疑一切，不要为质疑而质疑。把质疑变成怀疑一切，只会使自己陷入质疑的偏执，甚至使自己心理失衡。对社会的一切都看不惯，甚至以质疑去哗众取宠的人，最终有可能成为社会的弃儿。

同学们，华中科技大学的学子们，请学会质疑。未来的学术泰斗，未来的政界领袖，未来的商界精英，他们共同的、基本的素养之一，那便是质疑。华中科技大学，她快速、持续发展的文化基因，也有质疑！

（2010年9月9日）

文 化

——在 2011 级新生开学典礼上的讲话

同学们:

上午好！首先请允许我代表学校党委和行政向新同学们表示热烈的欢迎！

今天我给新同学们谈谈文化的话题，就算是你们进校的第一课。

你们来到大学，与中学不一样的是，每个人都有自己的专业。专业及其所需的基础理论学习固然非常重要，但千万别忘了提高自己的文化素养。尽管提高文化素养是一辈子的事情，但在大学应该是学习和提高文化素养非常有利和重要的阶段。

文化是什么？《周易》有言:"刚柔交错，天文也；文明以止，人文也。观乎天文，以察时变；观乎人文，以化成天下。"看来文化是与人类文明联系在一起的。从小处看，文化也是一个群体在一定的时期内形成的某种思想、行为、习惯、生活方式等。

你们或许知道，这个学校的文化素质教育有其特别之处。我们的老校长杨叔子院士曾说:"一个国家，一个民族，如果没有先进的科学技术，一打就垮，只有任人宰割；一个国家，一个民族，如果没有优秀的人文文化，不打自垮。"

著名学者余秋雨说过，经济能给一个民族带来富裕，但只有文化才能给一个民族带来尊严。

中国正处于崛起于世界的一个特别阶段。你们将是这个阶段的主角。不用说，中华崛起需要先进文化。我们如何把自己的先进文化带给世界，也把世界的先进文化融入我们的社会生活中，这一任务远比工业的现代化、科技的现代化更艰巨。于此，任何一个优秀的知识分子都有一份责任。

五四时期，曾有过关于德先生和赛先生的讨论。时值五四运动90周年之际，即2009年，有学者认为"德先生赛先生依然年轻"。

我们一方面需要文化的传承，另一方面也需要文化的批判、自省乃至创新。胡锦涛同志号召我们，"以更加虚心的态度借鉴和吸收人类文明成果"，还要重视文化传承与创新。梁启超曾说过："拿西洋文明来扩充我的文明，又拿我的文明去补西洋的文明，叫他化合起来成一种新的文明。"这里大概就包含了文化传承、反省与自觉。张岱年、季羡林等76名中华文化研究者于2001年发表《中华文化复兴宣言》，许嘉璐、季羡林等在2004年发表《甲申文化宣言》，均是号召中国的有识之士共同为中华文化复兴而奋斗！

文化之重要性并非只是体现在国家和民族上，也体现在每一个个体的人身上。文化是你终生都要感受、学习、应用的东西，它在有形与无形之中，在生活与工作中，在一个群体甚至家庭之中。它甚至比你的专业知识更加影响你未来的发展和成功。文化素养对自己到底有什么好处？梁思成先生于1948年在清华大学有一个演讲，曰《半个人的时代》，斥文理分家。他把只懂技术、不谙人文的人称为"空心人"，把奢谈人文、不晓科技的称为"边缘人"。如果你希望自己成为一个完整的人，一定得注意提高自己的文化素养。

你未来的生涯及其成功需要文化素养。即使你将来纯粹从事技术工作，技术的总体、宏观的把握需要文化，技术的表达需要文化，与他人的沟通协调需要文化。至于更大的成功则更需要文化。若希望未来天将降大任于你，则首先取决于你的文化素养。请记住，专业知识能给你带来一份像样的工作，但只有文化才能给你带来大任与成功。

怎样提高自己的文化素养？

人文素养是文化素养之关键。而培养自己的人文素养，首先得学习中国与世界的文化。你们不仅应该从课堂学习，更需要平素自己的涉猎。大学的图书馆、网络、各种讲座为你们提供了学习文化知识的良好条件。学校的很多社团，如读书会、记者团等，都是你们提高文化素养的好地方。

要善于从科技知识中去理解文化要义，把科技的某些知识上升到哲理、文化层面。恩格斯把自然科学知识上升到自然辩证法就是最好的榜样。能够从哲理与文化层面去把握科技知识，有助于提高自己运用科技知识的能力，有助于提高自己的创新或发现能力。另一方面，从科学知识中也可进行一些人文思考，如当今的环境科学、能源工程、人工智能、生物医学等方面的进展都给人类新的启示，也应该引发人类哲学与伦理上的思考。我们在不断追求科学与技术进步的同时，是否也得追问未来人类将走向哪里？

人生中有些看似很简单的问题，其实蕴含着深刻的文化。宋代学者程颐说："天文，天之理也；人文，人之道也。"人为什么要活着？这是一个再通俗不过的发问，其实也是一个重大的哲学问题，就连哲学家、思想家都得去思考的问题，恐怕也是"人之道"的基本问题。要想深刻地理解这一问题，就得从人的存在根基去认识。当然，你们中间的绝大多数人并不需要思考得那么艰深，但是必须要领悟其中基本的内涵。完成了中等教育，并不等于你们已经完成了养成教育。在大学里你们依然需要学习、思考、领悟这类基本问题。你的存在是大自然的赐予，你当然要珍惜，要爱自己。但是爱自己的前提是你首先得尊重他人的存在，这就需要一个"爱"字。在《心灵鸡汤》一书中，有夏尔丹的一段精彩的话："人类在探索太空，征服自然后，将会发现自己还有一股更大的能力，那就是爱的力量，当这天来临时，人类文明将迈向一个新的纪元。"爱就是一种文化！

你们要善于从华中大的校园文化中去汲取营养。这所学校的发展速度之快是颇受关注的，仅此一点必定说明她有着自己独特的文化。你们要善于发现她的文化中的积极因素与特别味道，让那些因素去滋养你们，让那种味道去熏陶你们，从而使你们健康成长。不用我告诉你们华中大的文化是什么,好好体会吧,你们有足够的时间。如果未来四年的学习还不能感受到这所大学的文化滋养与熏陶,你的大学生活可能是失败的。当然,这所学校的文化显然不能说是完美的,因此也希望你们用自己的行动去丰富我们的校园文化。

提高自己的文化素养,除了学习文化知识,还有更重要的是——悟。学习中需要悟,观察世事需要悟,日常生活中需要悟,为人处世需要悟。悟有助于识别和体验不同的文化。北京的中关村、陕北的黄土地、武汉的市井小巷等都有其特定的文化,大学的教授、政府的官员、乡村的农民、城里的打工者身上都写着别样的文化。不管你未来是希望弘扬还是改造某种文化,首先你得读懂它,而真正读懂是需要"悟"的。总之,我以为悟道比学习知识更重要。道,无处不在,正所谓"道不远人",文化亦然。

特别值得注意的是,行道更是高文化素养的反映。有言道:"闻道者百,悟道者十,行道者一。"尤见行道之难了。你若能够在学习、生活中自觉地践行"道",你也就真正成为文化人了。

有两点我想特别提醒一下同学们。其一,你们一定要注意识别网络文化中的积极与消极因素。网络无疑是20世纪最伟大的发明之一,它已经而且还将深刻地改变这个世界。但需要警惕的是,它也破坏了或者正在破坏某些好的秩序,它还把一些人从现实带到了虚无。其二,今天社会中有一些落后的东西、陋习、潜规则等正在不断地侵蚀我们的文化。当荣辱不分、耻不为耻的时候，即使科技再发达、工业再进步，国家也是没有希望的。而此中的关键尤在于知识分子。龚自珍说："士皆知有耻，则国家永无耻矣；士不知耻，为国之大耻。"同学们，你们这些未来之士，可要担负知耻的责任。

亲爱的同学们，一定要成为一个真正有文化的人。希望你们文化自己，文化中国！

（2011年9月9日）

自　由

——在 2012 级新生开学典礼上的讲话

亲爱的 2012 级新同学们：

你们好！

首先请允许我代表学校党委和行政向你们表示最热烈的欢迎！

同学们，今天算是第一课。请慢慢地读懂这所大学，读懂你的大学。

我告诉同学们，华中科技大学正在推行"以学生为中心的教育"。我以为其实质就是"让学生自由发展"。今天不妨谈谈这一话题。

温家宝总理提到过，大学就该有独立之精神、自由之表达。马克思曾说过，"每个人的自由发展是一切人自由发展的条件"，"人类的特性恰恰就是自由自觉的活动。"

自由在国家领导人、导师、先哲的眼里何等重要！而更重要的当是教育在人的自由发展中的作用。

同学，你在大学的自由发展意味着什么？我以为："成为你自己！"

"成为你自己"绝不只是有好的成绩，还意味着你要有自由意志，要有独立的人格和鲜明的个性。康德有关于"人是目的"的论述，意即人不能只是"工具"或"手段"。教育的目的当然不能只是把学生培养成某种工具，而是让学生自由发展。方如此，你们才能成为有活力、有创造力、有鲜明个性的人。

要自由发展，你们一定得主动学习、主动实践。千万不能成为被动接受知识的机器。你们要有思想准备，大学的学习与高中的学习有明显的不同，其主要区别恐怕是大学生更需要学习与实践的主动性。前几年我先后说过"学习"与"实践"的话题，若你们能常有主动学习与主动实践的意识，未来的人生也一定能自由发展。

自由发展需要质疑，需要独立思考。前年我对新生谈到的话题就是"质疑"。无论是在专业学习、通识教育中，还是对社会问题的认识以及在学校其他活动中，你们都需要养成独立思考和质疑的习惯。实际上，创新能力、不俗的眼光和见解等都要依赖质疑和独立思考而形成。

自由发展需要开放的环境，封闭环境中谈论自由发展也没多大意义。华中科技大学会尽可能为你们提供一个开放的环境。我们希望教授尽可能在教学活动中给大家一个开放环境，充分发挥学生的主动性和潜能。学校也会尽可能多给大家接触社会和业界的机会。学校有丰富的各种讲座，如人文素质讲座、科学精神与实践讲座、校友大讲坛等。这些讲座把学校外部的社会精英接触的开放环境呈现在你们面前，让你们有机会去感悟人生。我们学校精彩纷呈的社团活动是更好的开放环境，置身其中，你们犹如"天高任鸟飞，海阔凭鱼跃"，何愁自由发展！

开放的环境有时需要你们自己去寻找。即便是学校内有的环境，也得靠你们自己去寻找最适合你自己自由发展的环境。诚如前面所谈到的社团活动，没有人会"分配"你参加何种社团，你们寻找适合自己的开放环境本身就是一种自由活动。校外的开放环境你们也可以自己寻找，如假期中，你可以用心地去观察社会中的某些现象。在社会中，你可以自由地观察、体悟你在学校课堂上无法学到的东西。

开放的环境也在于你们自己的心灵对社会、对他人的开放，这种开放不仅使你更好地认识社会，也使你有更多的朋友。

在大学的自由发展需要你们的心灵对教育开放。诚然，大学教育应该对学生的心灵开放，教育者应该尽可能地考虑如何因应学生不同情况而施予相应的教育，但毕竟学生的心灵也应该对教育开放。常常有些大学生对某个专业没兴趣，也有的学生对所学的某些课程没兴趣。在这种情况下，有的同学"不得不"学习，有的同学完全逃避，甚至在虚拟的世界寻求"自由"。类似的情况多是那些同学把学习、把自己当成了"工具"或"手段"，即是把学习看成是今后谋生的"手段"，甚至把自己也看成实现别人和自己期望的某种"工具"或"手段"。一旦发现"工具"或"手段"难以达到预期的目的，于是选择逃避。倘若你自己的心灵对教育开放，你自然会感到不仅学习更有意义，而且人生也更有意义。同学们若是从人的自由发展、从人的意义上理解学习，你们会懂得老师教授的那些知识都是你将来能力的积累，你们自然把各种不同的知识看成是你成长过程中所需要的不同营养。能如此，你的心灵则是对教育开放的，你的学习和成长也是"自由"的；否则，你也不可能把学习的"必然"转化成"自由"，充其量永远只能是学习的奴隶。

同学们还应该认识到，"自由"不仅仅是关系到学习中的自由发展，它其实具有更高的人生意义。从启蒙思想家到马克思、到中国共产党的先烈们，他们对自由都有不懈的追求。卢梭言："人是生而自由的，但却无往不在枷锁之中。"你们若想成为真正意义上的、健全的人，一定当有自由意志。就像著名心理学家弗洛姆所言，意志是自由自在的，人实现了他的意志，也等于实现了他自己，而这种自我实现对个人来说是一种最大的满足。

今后的中国社会中，人们还会不断探索人的自由发展。今天，中国共产党也在致力于关于自由的追求和改善。党中央提出，要创新社会管理，社会管理的宗旨恐怕离不开人的自由发展。希望同学们在大学的学习过程中，能有意识地关注这一点，因为未来中国社会的创新管理，你们有可能扮演关键角色。

当然，你们千万不能忘记，不可能有绝对的自由。罗曼·罗兰说："一个人的绝对自由是疯狂，一个国家的绝对自由是混乱。"毕达哥拉斯也说："不能制约自己的人，不能称之为自由的人。"歌德也说过："一个人只要宣称自己是自由的，就会同时感到他是受限制的。如果你敢于宣称自己是受限制的，你就会感到自己是自由的。"我也借此机会告诫同学们，在学校自由的氛围里，你们不应该排斥学校对你们的某些严格要求，你们也应该对自己有更加严格的要求。不严格要求自己，或许你终身将受到比别人更多的约束。

同学们，切莫天真地以为，未来的几年里，华中科技大学提供的环境与氛围就一定是完美的、最适合你们自由发展的。那是需要学校和同学们共同地、不断地追求和完善的。

最后我想再提醒同学们，学会真正的自由，并不容易，尤其是在你一个人独处的时候。扪着良心，敞开着心扉，驾驭着欲望，你一生都会自由！

同学们，我和你们一样渴望———自由发展！

谢谢大家！

（2012年9月10日）

开 放

——在 2013 级新生开学典礼上的讲话

亲爱的 2013 级新同学们：

你们好！

首先请允许我代表华中科技大学向你们表示最热烈的欢迎！欢迎你们来到美丽的、充满活力的华中大！

今天，我跟大家聊聊华中大的关键词之一：开放，权当是大家入学的第一课。

我们学校对自己的定位："研究型，综合性，开放式。"

先说说"开放"对学校的含义。

开放是华中科技大学教育观的一部分。我们强调华中大的教育要保持与社会和业界的紧密联系，实质是知识的转移。这个转移包含了大学社会服务的理念，也包含了教育以及大学生如何从社会、业界中不断地吸收营养。

开放意味着华中大的教育要对学生的心灵开放。这里提倡"以学生为中心的教育"，其核心是让学生自由发展。华中大希望真正从人的意义上理解教育，真正怀着对生命意义、对生存价值的尊重与敬畏去面对学生，实质上是学校对学生的心灵开放。这是华中大教育观的核心。同学们，也许这些很难一下子理解，我也不多说。下面我重点说说，大学生如何使自己的心灵开放。

同学们务必明白，只有让自己的心灵开放，你们才能受到更好的教育。

首先，你们的心灵要对自己开放。这话的逻辑在哪儿？你真正懂得自己生命与存在的意义和价值吗？你真正地面对自己了吗？你能够勇敢地面对自己的丑陋吗？能够理性地面对自己考的高分吗？你真正有独立精神吗？你有如尼采所言的"勇敢地成为你自己"的自觉吗？我常常看到有少数同学抱怨，快毕业了，发现自己几年的大学生活一无所有。我不否认学校的教育还存在诸多问题，但我敢断言，这种现象的症结首先是这些同学的心灵没能对自己开放。如果整天稀里糊涂、懵懵懂懂，连面对自己的勇气都没有，你还抱怨谁呢？心灵若不能对自己开放，你充其量只能成为某种工具，可孔夫子早已有言"君子不器"啊！心灵对自己开放，意味着你要有独立精神，你自己的心灵不会被役使。请记住，独立精神是你作为智慧生命而存在的根本。心灵对自己开放，意味着你要有批判精神，包括对你自身，那样能让你成长更快，进步更大。这些都是你作为生命存在的真正意义所在、尊严所在。

你们的心灵应当对社会开放。比尔·盖茨就认为，大学生应该关注人类社会的重大问题。社会本身就是一所大学。从社会中，你们可以学到在学校难以学到的东西，可以悟到在学校难以体验的东西。从世界大势、国家发展,到民间疾苦等等都值得你们关心。心灵对社会开放,就是说你们要有意识地关注、观察社会问题,有意识地参与一些社会活动。尤其是假期的时候,做一点社会调查,对于你们了解社会是极有帮助的。如果在大学期间你的心灵就能对社会开放,那么在你离开学校踏入社会时就不至于惊慌失措。心灵若不能对社会开放,你就只能龟缩在自己的小天地里,最终社会也会把你的前途龟缩在一个小胡同里。对社会开放还意味着你要客观地观察社会、了解社会,客观地感知社会中的丑与美。心灵不能真正对社会开放,主观意象、表象或者片面印象很容易占据你的心灵,那只能使你误入歧途。看不到社会中的美,你就很难得到时代的恩惠;看不到社会中的丑陋,你自己身上也很容易被污秽。

你们的心灵当对他人开放。人都是社会中的人,你既然肯定得存在于社会中,自然少不了与其他人打交道,尤其是当你踏上社会以后。你今后在社会中的发展主要不取决于你的智商,而是情商。而情商的关键恐怕是心灵对他人开放。在与他人的关系中,你永远不要把与别人的交往当成实现你自己的预期和目的的工具,否则你不会有朋友。另一方面,你也不必担心自己成为实现别人预期和目的的工具,不然,你就会恐惧与别人的交往。把别人当成和自己一样的神性存在,对他人尊重与信任,也会赢得他人对你的尊重与信任。你们还要记住,别人身上的很多东西是可以大大丰富自己的人生的,所谓"三人行必有我师",当然前提是自己的心灵对他人开放。华中大提倡让学生自由发展。你要明白，只有在与他人的交往中才能体验和享受现实世界中的自由。对他人的封闭恰恰意味着自身的不自由，意味着在现实世界的不自由。而现实世界中的不自由，很容易使你陷入虚拟世界。顺便说一句，你们需要接触网络、接触虚拟世界，但千万不能掉进虚拟世界的陷阱。可不能用虚拟世界中的自由去替代现实中的自由，那有可能毁掉你的未来。

你们的心灵应该对教育开放。我常常看到一些同学进校不久就要求转专业，我也经常听到有些同学抱怨不喜欢某些课程。选择某一专业或某些课程真有那么重要吗？在大学，与其说是学专业，不如说是学习某种能力；与其说是学某一门课程，同样不如说学习某种能力。请注意，大家不要理解成专业和课程没那么重要，学习则可以马马虎虎。恰恰相反，你们要通过专业及其课程的学习去锻炼你们的能力。学校给你们提供的各种课程知识其实是你今后能力的积累。虽然华中大的教育强调让学生自由发展，可自由发展的前提也需要学生的心灵对教育开放。如果你的心灵对教育开放，你也就容易体验到学习的愉悦，就能容易欣赏到学习过程与结果的美，甚至学习中的困难都会激发你的热情，学习中的枯燥会磨炼你的意志和耐心。同学们，让你的心灵真正对教育开放，你就能把"不得不"学习甚至厌倦学习转换成乐意学习、兴趣学习。心灵的开放能使学习的"必然"转化成学习的"自由"，那才是学习的最高境界。

最后，还希望你们的心灵要对未来开放。你们的发展在未来，如果想在未来有好的发展，你们当然就得面向未来，或者说心灵要对未来开放。多了解一点科技的发展趋势，尽管那根本不是你的课程学习所要求的；多了解一点产业发展的走向，尽管未必属于你今后职业的范畴。譬如说，能源科技的发展趋势是什么？能源科技的发展对未来社会的产业结构会产生什么影响？对人们的生活方式会产生什么影响？尽管目前对这些问题未必有定论，但是，如果你经常关注、思考，未来你更容易从中寻觅机会，未来你也就更容易自由发展。另一方面，从大学的本质和国家未来的发展看，你们的心灵更应该对未来开放。哈佛校长福斯特说："大学的本质是对过去和未来负有独一无二的责任———而不是完全或哪怕是主要对当下负责。"大学绝不是仅仅面向当下的风向标，她更应该是引领未来的发动机。同学们，那么你们自己呢？你们自己的心灵对未来开放，国家才有真正的未来，你们自己也才有更好的未来。今天，谁也无法替你们准确地描绘国家的未来和你们的未来，未来还需要你们自己去思考、领悟和面对。不妨多关注一下，未来如何转变经济发展方式，如何创新社会管理，如何健全民主与法制……这些都和你们的未来有关。读读梁启超的《少年中国说》，其中说道："使举国之少年而果为少年也，则吾中国为未来之国，其进步未可量也。使举国之少年而亦为老大也，则吾中国为过去之国，其澌亡可翘足而待也。"你们的心灵对未来开放，你们也就是真正的少年，中国也将是未来之国！

　　同学们，我说了五个开放。日后忘记了，再看看，或许有用。

　　谢谢大家！

（2013年9月10日）

毕业典礼

牵 挂

——在 2009 届毕业典礼上的讲话

亲爱的 2009 届毕业生同学们：

你们好！

四年前，我迎来了你们中的大多数人。今天，在你们毕业之际，在你们即将踏上新的征途的前夕，我想对你们说两个字，那就是"牵挂"。

今年对于整个世界来说都是困难的一年。世界金融危机也影响到中国的经济形势，乃至就业形势。同学们，你们是否都找到了合适的工作？我们牵挂着。

你们中的一部分人，即将踏入社会，那可是没有在学校那么简单和单纯。你既需要充分地展示自己，又不能过分地表现自己；你既需要尊重领导和前辈，又不必刻意去逢迎；你既需要有理想和目标，又不能刻意追求、过于功利；你既需要与同事竞争，更需要与他们协同。亲爱的同学，你准备好了吗？我们牵挂着。

也许你将走在一条大道上，在大城市，在名单位……大道上有千军万马，当你意气风发、策马奔驰的时候，可要当心，那里非常拥挤,脚下甚至还有石头。亲爱的同学,在竞争的路上,千万别摔着,我们牵挂着。

也许你将走在一条小道上,在乡村,在城镇,在西部。一条小路曲曲弯弯细又长,一样通向理想的远方。小道旁风景可人,或许有溪流奏响,或许有百鸟鸣唱,还有万紫千红竞芬芳。小路上时而泥泞,时而杂草丛生,甚至蛇蝎横行。当风景迷人时,不要太迷恋;当小路难行时,千万别退缩。纵使山穷水尽之际,只要坚持,相信会有柳暗花明之时。亲爱的同学,你有思想准备吗?我们牵挂着。

也许你将走在崎岖的山路上,为学术,为创业……那是一条攀登之路。你不仅需要优化方向,选择好路径,而且你要看清脚下的每一步。攀登悬崖峭壁时,可不能有一步的闪失。一步不慎,多年的心血,可能功亏一篑。亲爱的同学,你可有思想准备?我们牵挂着。

亲爱的同学,也许此刻你豪情满怀,踌躇满志。你希望未来挥毫于江河,画笔于大山。的确,中华崛起的蓝图在期待着你,你可以留下激扬之文字,你还可以指点江山。然而,你也要常常低下头,脚踏实地。同学,你意识到了吗?我们牵挂着。

亲爱的同学,也许此刻正感到迷茫,不知路在何方。大学的几年,你或许后悔那糟糕的成绩,甚至痛心没有拿到那一纸文凭。同学啊,你不用灰心,不能消沉。路,其实就在脚下。人生的路是数不清的,通向成功的路也有千万条。低下头,从脚下最不起眼的路起步,昂起头,仰望天空,太阳、月亮和星星对你和他人一样明亮。同学啊，你未来的人生依然充满希望。你意识到了吗？我们牵挂着。

亲爱的同学，其实，牵挂你的人还有很多。你含辛茹苦的父母永远会牵挂着你，他们牵挂着你的一切；你的老师，包括中小学老师，会牵挂着你；你的同学将牵挂着你。同学，能否不吝啬你的牵挂？

亲爱的同学，请不要吝啬你的牵挂。把牵挂给予你的父母、亲人，他们为你付出太多。城里节奏太快，中年的他们似乎显得更加疲惫；在田野里劳作的父母，他们的背也可能开始驼了，甚至他们可能还在盘算，什么时候才能还清你求学时所欠的债。不时给他们一个电话，常回家看看。看看他们的生活，惦着他们的健康。同学，你会牵挂着吗？

亲爱的同学，请不要吝啬你的牵挂。把牵挂给予你尊敬的老师，给予你尊敬的辅导员。你的成长中，他们也倾注了心血。他们曾经对你的表扬或者批评，都可以成为你牵挂的理由。你只需要偶尔在网上，在电话里，一个简单的问候足矣。同学，你会牵挂着吗？

亲爱的同学，请不要吝啬你的牵挂。把牵挂给予你的同学。同学中有你要好的朋友。同学之间的友情是最值得珍惜的，因为没有任何功利的目的。也许某一个同学与你有过争吵，但是那也没有本质的怨仇，一笑便泯灭。同学中可能还有你的初恋，即使未能终成眷属，初恋也是不能忘怀的，因为那是纯洁的。同窗的友情，可笑的争吵，难忘的初恋，都可以成为牵挂的理由。请把照片留着,把邮箱地址和电话号码留着。同学,你会牵挂着吗?

亲爱的同学,请不要吝啬你的牵挂。把牵挂给你未来的同事和朋友。多设身处地为别人想想,关心、帮助别人,你将有更多的朋友,也会得到更多人的帮助。同学,你会牵挂着吗?

亲爱的同学,请不要吝啬你的牵挂。留一些牵挂给你素不相识的人。"5·12"汶川大地震中伤残的人们怎样了?幸存的人们生活和心理状况如何?那些从事城市建设的民工怎样挣扎在贫困线上?还有那些在贫穷乡村的中老年农民如何绝望地守着那几分贫瘠的土地?……要做一个善良的人,善良就是这种牵挂的理由。同学,你会牵挂着吗?

亲爱的同学,请不要吝啬你的牵挂。留一些牵挂给你的母校。在这里,你度过了人生成长的最重要的岁月;在这里,你学到了知识,得到了能力的培养与锻炼。你会牵挂吗?若干年后,你的学科是否已经一流,母校是否已经国际知名,你会牵挂吗?也许在母校你有过不愉快的经历,但对于你的成长未必不是一件好事。在校期间,学校有很多不尽如人意的地方,很多事情令你不快甚至愤怒,但那只是培根的不力,却不是母校的丑陋。喻园夏日的荷塘是否还是清香阵阵?秋日月下的喻园是否依然浮动着桂香?同济校区里裘法祖之树一定更加茁壮,你和恋人常坐的石凳是否还在?当你牵挂时,常到网上看看,偶尔回母校走走。

亲爱的同学，我牵挂着，你牵挂着，他也牵挂着。让我们彼此牵挂着，让牵挂成为一种永恒的记忆。

（2009 年 6 月 24 日）

记 忆

——在 2010 届毕业典礼上的讲话

亲爱的 2010 届毕业生同学们：

你们好！

首先，为你们完成学业并即将踏上新的征途送上最美好的祝愿！

同学们，在华中科技大学的这几年里，你们一定有很多珍贵的记忆。

你们真幸运，国家的盛事如此集中相伴在你们的大学记忆中。2008 奥运会留下的记忆，不仅是金牌数的第一，不仅是开幕式的华丽，更是中华文化的魅力和民族向心力的显示；六十年国庆留下的记忆，不仅是领袖的挥手，不仅是自主研制的先进武器，不仅是女兵的微笑，不仅是队伍的威武整齐，更是改革开放的历史和旗帜的威力；世博会留下的记忆，不仅是世博之夜水火相容的神奇，不仅是中国馆的宏伟，不仅是异国场馆的浪漫，更是中华的崛起、世界的惊异；你们一定记得某国总统的傲慢与无礼，你们也让他记忆了你们的不屑与蔑视。同学们，伴随着你们大学记忆的一定还有什锦八宝饭，还有一个

"G2"的新词,它将永远成为世界新的记忆。

近几年,国家频发的灾难一定给你们留下深刻的记忆。汶川的颤抖,没能抖落中国人民的坚强与刚毅;玉树的摇动,没能撼动汉藏人民的齐心与合力。留给你们记忆的不仅是大悲的哭泣,更是大爱的洗礼。西南的干旱或许使你们一样感受渴与饥,留给你们记忆的,不仅是大地的喘息,更是自然需要和谐、发展需要科学的道理。

在华中大的这几年,你们会留下一生中特殊的记忆。你一定记得刚进大学的那几分稚气,父母亲人送你报到时的情景历历;你或许记得"考前突击而带着忐忑不安的心情走向考场时的悲壮"*,你也会记得取得好成绩时的欣喜;你或许记得这所并无悠久历史的学校不断追求卓越的故事;你或许记得裘法祖院士所代表的同济传奇以及大师离去时,同济校园中弥漫的悲痛与凝重气息;你或许记得人文素质讲堂的拥挤,也记得在社团中的奔放与随意;你一定记得骑车登上"绝望坡"的喘息与快意;你也许记得青年园中令你陶醉的发香和桂香,眼睛湖畔令你流连忘返的圣洁或妖娆;你或许记得"向喜欢的女孩表白被拒时内心的煎熬"*,也一定记得那初吻时的如醉如痴。可是,你是否还记得强磁场和光电国家实验室的建立?是否记得创新研究院和启明学院的耸起?是否记得为你们领航的党旗?是否记得人文讲坛上精神矍铄的先生叔子?是否记得倾听你们

---

* 校内 BBS 上某些同学的帖子中的话,下同。

诉说的在线"张妈妈"？是否记得告诉你们捡起路上树枝的刘玉老师？是否记得为你们修改过简历的应立新老师？但愿它能成为你们进入职场的最初记忆。同学们，华中大校园里，太多的人和事需要你们记忆。

请相信我，日后你们或许会改变今天的某些记忆。喻园的梧桐，年年飞絮成"雨"，今天或许让你觉得如淫雨霏霏，使你心情烦躁、郁闷。日后，你会觉得如果没有梧桐之"雨"，喻园将缺少滋润，若没有梧桐的遮盖，华中大似乎缺少前辈的庇荫，更少了历史的沉积。你们一定还记得，学校的排名下降使你们生气，未来或许你会觉得"不为排名所累"更体现华中大的自信与定力。

我知道，你们还有一些特别的记忆。你们一定记住了"俯卧撑"、"躲猫猫"、"喝开水"，从热闹和愚蠢中，你们记忆了正义；你们记住了"打酱油"和"妈妈喊你回家吃饭"，从麻木和好笑中，你们记忆了责任和良知；你们一定记住了姐的狂放、哥的犀利。未来有一天，或许当年的记忆会让你们问自己，曾经是姐的娱乐，还是哥的寂寞？

亲爱的同学们，你们在华中科技大学的几年给我留下了永恒的记忆。我记得你们为烈士寻亲千里，记得你们在公德长征路上的经历；我记得你们在各种社团的骄人成绩；我记得你们时而感到"无语"时而表现的焦虑，记得你们为中国的"常青藤"学校中无华中大一席而灰心丧气；我记得某些同学为"学位门"、为光谷同济医院的选址而愤激；我记得你们刚刚对我的呼喊:"根叔,你为我们做成了什么?"——是啊,我也得时时拷问自己的良心,到底为你们做了什么?还能为华中大学子做些什么?

我记得,你们都是小青年。我记得"吉丫头",平凡却格外美丽;我记得你们中间的胡政在国际权威期刊上发表多篇高水平论文,创造了本科生参与研究的奇迹;我记得"校歌男",记得"选修课王子",同样是可爱的孩子;我记得沉迷于网络游戏甚至濒临退学的学生与我聊天时目光中透出的茫然与无助,你们都是华中大的孩子,你们更成为我心中抹不去的记忆。

我记得你们的自行车和热水瓶常常被偷,记得你们为抢占座位而付出的艰辛;记得你们在寒冷的冬天手脚冰凉,记得你们在炎热的夏季彻夜难眠;记得食堂常常让你们生气,我当然记得自己说过的话:"我们绝不赚学生一分钱",也记得你们对此言并不满意。但愿华中大尤其要有关于校园丑陋的记忆。只要我们共同记忆那些丑陋,总有一天,我们能将丑陋转化成美丽。

同学们,你们中的大多数人,即将背上你们的行李,甚至远离。请记住,最好不要再让你们的父母为你们送行。"面对岁月的侵蚀,你们的烦恼可能会越来越多,考虑的问题也可能会越来越现实,角色的转换可能会让你们感觉到有些措手不及。"*也许你会选择"胶囊公寓",或者不得不蜗居,成为蚁族一员。没关系,成功更容易光顾磨难和艰辛,正如只有经过泥泞的道路才会留下脚印。请记住,未来你们大概不再有批评上级的随意,同事之间大概也不会有如同学之间简单的关系;请记住,别太多地抱怨,成功永远不属于整天抱怨的人,抱怨也无济于事;请记住,别沉迷于世界的虚拟,还得回到社会的现实;请记住,"敢于竞争,善于转化",这是华中大的精神风貌,也许是你们未来成功的真谛;请记住,华中大,你的母校。"什么是母校?就是那个你一天骂他八遍却不许别人骂的地方。"*多么朴实精辟!

亲爱的同学们,也许你们难以有那么多的记忆。如果问你们关于一个字的记忆,那一定是"被"。我知道,你们不喜欢"被就业"、"被坚强",那就挺直你们的脊梁,挺起你们的胸膛,自己去就业,坚强而勇敢地到社会中去闯荡。

亲爱的同学们,也许你们难以有那么多的记忆,也许你们很快就会忘记根叔的唠叨与琐细。尽管你们不喜欢"被",根叔还是想强加给你们一个"被":你们的未来"被"华中大记忆!

(2010年6月23日)

未 来

——在 2011 届毕业典礼上的讲话

亲爱的 2011 届毕业生同学们：

你们好！在你们完成学业并走向未来的时刻，首先，向你们表示最热烈的祝贺！

前两天，我看到你们歌之，唱之，舞之，蹈之，哭之，喊之，泼之，醉之。我知道，你们在以你们的方式迎接未来。

我知道你们高兴、激动。月初，总书记来到我们的校园，同学们在欢呼激动之后，又深情地畅想华中大的未来；华中科技大学的校友——你们的娜姐刚刚在法网夺冠，那是我们共同的喜悦。高兴雀跃之余，你们可没忘记想到学校红土网球场的未来。

最近我参加了你们的"畅想未来"活动。我知道了你们中的陈超在中央电视台"主持"未来，刘乐在学校"导演"未来，有的同学准备到西部大企业的车间中"绘制"未来，有的将要到部队里去"保卫"国家的未来，还有的同学打算"创业"未来……我突然有所感慨，华中大的教育开始变得生动起来、饱满起来！这生动和饱满将带给更多学子美好的未来，也将成就华中大的未来!

其实,在过去的几年,你们一直在以不同的方式迎接未来。同学们在党旗的领航下、在大别山的小道上、在"医疗下乡小组"的义诊中、在"黔途爱心团队"的跋涉中,迎接未来;你们在人文、科学精神与实践、华中大校友的讲坛中迎接你们的未来;在联创团队、记者团、读书汇等社团活动中迎接未来;在瑜珈山麓、森林公园、东湖畔、青年园,在小径里、石凳上,亭阁中、荷塘边,梧桐下、垂柳旁,蜡梅中、桂香里,你与你的他(她)一起梦想着未来。

我看到你们通过记录过去而迎接未来。我看了时间先生导演的电影《华科的秘密》,看到了刚刚公映的由学生自编自导自演的《断弦》。我看到一个同学去九宫山"单骑走天下"的记录:"什么是绝望,是一次次有了希望时却发现只是错觉;什么是挑战,是在看不到希望和前路时依然的坚持;什么是勇气,是孤独挺进中旁人给你的一句'加油'!""人生总在颠簸中前行,其意义就是在面对困难险阻时不断去征服。"从你们记录的过去,我看到了华中大学子的未来。

我注意到你们迎接未来的感悟。你们中的一位同学说:"走出大学,我们什么都不是了,不再是天之骄子,不再是象牙塔里的高材生,我们只是一颗螺丝钉,需要用螺丝钉的精神去在社会中发挥作用。"还有的说:"走向不平凡的第一步就是承认自己彻彻底底的凡人一个,会有焦虑,会有愤怒,会有伤感,有难以掩饰的胆怯,甚至是无法平息的嫉妒、令人作呕的虚荣以及毫无顾忌的贪婪。"说得真好！我为你们骄傲，你们成熟了，但是我还是想多几句关于你们未来的叮咛。

近年来，我有些感悟，教育一定要面向未来。梁启超在《少年中国说》一文中有一段很精彩的话："惟思将来也，故生希望心。……惟希望也，故进取。……惟进取也，故日新。""使举国之少年而果为少年也，则吾中国为未来之国，其进步未可量也。"希望你们毕业之后，依然少年，依然要面向未来：为了你们自己，为了未来之国。

不管你愿意不愿意，你的未来一定与国家的未来联系在一起。三十多年来，我们的国家一直在"摸着石头过河"，我们还没有完全趟过社会主义初级阶段这条河。未来，前面是否还有石头可摸？党和政府号召创新社会管理，我们如何能有一个健全的公民社会？未来是否有你的一份责任？

同学们，请你们关注，科技的发展会给社会的未来、你们的未来带来何种变化。你们是否准备好了如何面对未来波澜壮阔的能源革命、不可思议的生命科学，还有似乎无止境的信息技术和人工智能？或许，不久的未来，你们就可能得到物联网、云计算带来的享受，你们就可能尝试器官再生、个性化医疗的成功。这些技术可绝不是浮云，相反，能够很好地运用它们、驾驭它们，你们或许真如"神马"，能驰骋在天际，遨游于云端。

同学们，你们一定希望拥有一个美好、幸福的未来。未来的美好和幸福在哪里？

要想有一个美好灿烂的未来,先使自己的内心美丽起来。最近,《中国青年报》详细报道了我们的校友、你们的学长占美丽执着地投身于垃圾处理的平凡事业的故事。看看那平凡事业中的不平凡事迹吧,你们一定会感动。她内心的美丽和强大使她非常自信:"花开的时候,我最美丽!"

未来的幸福在内心的安宁,在自身的和谐。你堂堂正正地做人,踏踏实实地做事,你就能守住内心的安宁。你靠自己的努力和拼搏,你不需要在别人面前说你爸是谁。未来你们可以在不断努力拼搏的过程中自然地实现自我,但切切不要偏执的自我实现。

未来的幸福在感恩和报答。成功既需要贵人的提携与相助,又需要众多普普通通人的烘托与帮衬,那都值得你感恩。懂得感恩,你一辈子或许有贵人相助;知道感恩,你未来的生活将充满阳光。至于你伟大的母亲,你更要感恩,更要报答。母亲的伟大不在于她有多大能耐,不在于她有多么完美,更不在于她有多么高贵。你们一定知道被网友称为"暴走妈妈"———平凡的陈女士,咱们华中科技大学同济医院陈孝平教授和她一起创造了不平凡的奇迹。为了孩子,其实很多母亲都有可能做那样的事情。未来你赚了钱,常常寄点钱回去补贴父母,即使他们说有钱;未来你条件稍好的时候,把父母接过去享享清福,即使他们说不习惯;未来偶尔亲手做一点他们想吃的饭菜,即使他们说不用你做;更要常回去,量量他们的血压,看看是否有骨质疏松,即便他们说感觉还好。同学啊,感恩和报答可是你一辈子的为人之要。

同学们，看清未来不容易。未来是矛盾的，神奇的，难以言说的。

某些未来是很确定的：一方面意味着事物发展的规律终将不以人们的意志为转移；另一方面意味着，你时时在不知不觉中确定你的未来，未来就在眼前的努力与拼搏中。

然而更多的时候，未来是不确定的，有时候甚至是那么不可思议。我年轻时也憧憬过未来能穿上白大褂，我还当过一个多月的赤脚医生，为乡亲的健康效力而感到兴奋，可才刚刚开始时，就被下岗了。后来差不多有机会走到了医学院的门口时，我又被拒绝了。在失去理想中的未来时，我不得不面对现实中的未来。日后或许你们会逐渐明白，你很精细地设计自己的生涯、规划自己的未来，你是那么迷恋未来的某一目标，但很可能你迷恋的对象未来却不跟你玩。别难为你的未来。其实，你若真把自己的未来看得那么透彻，人生可能也不那么有意思了。华中大教给你大智慧，不教给你小聪明。

任何社会都存在很多令人不满意的事情。一方面需要人们有质疑批判精神，另一方面更需要建设精神。未来，倘若一切都令你看不惯，你只知道毫无顾忌地怀疑一切、批判一切，却不知道如何建设，那你很可能被边缘化。不要嘲笑人们对未来美好的憧憬，不要玩弄人们对未来希冀的真诚。人间的美好需要你们去建设，社会的互信需要你们去呵护。同学啊，华中大教给你质疑批判精神，不教给你犬儒主义。

未来是大度的。少数同学可能在茫然、疑惑、不解，甚至是痛苦中思考未来。也许过去你过分消遣和娱乐过未来，你浪费了不少宝贵的光阴，今天方知往事不堪回首，你不知道未来路在何方。站起来，前行就有路。未来依然愿意迎接你，依然愿意把你拥入怀中。同学啊，华中大教给你雄起，不教给你趴下。

亲爱的同学们，关于未来的话太多。最后我还想叮咛一句，未来要说真话。你如果说真话，别人会倾听；你如果说假话，或许只有风会听。华中大教你对人说真话，不教你跟风说假话。

再见了，同学们！在未来，在远方！

（2011年6月22日）

远 方

——在 2012 届毕业典礼上的讲话

亲爱的 2012 届毕业生同学们：

你们好！在你们完成学业并将走向远方的时刻，首先，向你们表示最热烈的祝贺！

过几天你们中的多数人将离开这里，将毅然地奔向理想的、艰苦的、未知的、人生的远方！

希望你们将来能走向事业的远方，我似乎看到你们的远方将是色彩斑斓的。深蓝的天空和海洋或许是你事业的远方；或许你从事环境保护、节能减排，或许你从事先进制造，无论如何，你们都会把绿色带给远方；或许你穿着白大褂，生命就在你心中、在你手上；或许你是官员，希望你成为改革的弄潮儿，在不断革除时弊的过程中，或许你在远方有机会让老百姓生活得更有尊严。为官可别忘了政治伦理，要懂得穷人，懂得草民。

你们事业的远方肯定和国家及世界的远方联系在一起，希望未来母校能够看到你们参与国家重大发展进程和人类社会的宏大叙事。科技的发展日新月异，智能、生命等科学的飞速进展有可能把我们带向神秘的远方，有些科学家和工程师追求超能、长生，人类在这条道路上还能走多远？最近几年，国际上经济颇为萧条的时刻，我们国家的发展依然强劲，国内外都有人谈论"中国模式"，中国模式——我们还能走多远？这些年，一方面人们觉得"民主是个好东西"，另一方面又懂得民主不能解决所有问题，民主和自由——在中国还能走多远？这些年，中央强调社会创新管理，我们距离一个健全的公民社会还有多远？这些年，中央强调对腐败"零容忍"，我们距离清廉的社会还有多远？

　　人生的远方，不完全在于你能够挣多少钱，有多大的权，成多大的名。你们之间的多数人未必能在钱、权、名方面走得多远，但你们却可以抵达心灵的远方。校友王争艳就是一个普通的劳动者，她用善良抵达人生的远方。我们2009届毕业生胡飞到达神农架苍茫的大山里资教*，她的知识和汗水带来孩子们的微笑，孩子们的微笑使她到达心灵的远方。即便那些你都难以做到，你依然可以到达远方。你们2003级的一位学长，在华为工作三年，存了几个小钱，然后就踏上了辞职环球之旅———部脚踏车、一个背包、一顶帐篷，再配一把吉他。旅行"并不只是精彩瞬间的堆砌"，他在数千公里海岸线上做义工，无数夜晚仰望星空，那显然是人生的苦旅，但却是心灵的远方。

---

* "农村教师资助行动计划"的简称，是湖北省教师队伍中出现的新称谓。

同学们，你们是否思考过将要把什么带到远方？

你们要把人文情怀带到远方，那是一定不能少的，不管你为学、为商、为官。能如此，你们不枉在华中大几年所接受的文化素质教育。你们要把诚信带到远方，且不说学术、商务，即便娱乐、体育也不能没有诚信。正在进行的欧洲杯，在诡异莫测的小组赛最后一轮，还是体现了诚信与文明。你们要把互信带到远方，今天的中国社会太需要了！如果我们的社会对教育和医疗都不再有互信，中国又何以崛起于远方？希望你们把独立的人格带到远方。独立人格需要真实，需要正直，不要虚伪。你们的学姐李娜不就是一个很真的人吗？要挺起你们的脊梁！最后，我还想请你们带一点浪漫去远方，那就是喻园四季的四华。你们要像喻园春天的桃花，尽情地绽放，无须问到底为谁妆、为谁容，连春雨和东风都会知晓你们的热情和奔放；你们要像喻园夏日的荷花，出淤泥而不染；你们要把喻园的桂花带到远方，像她那样不羡娇艳，不慕华贵，然而那浮动的暗香，却长久地沁人肺腑；你们也要把喻园冬天的蜡梅带到远方，像她那样冷眼笑看，凌霜傲雪，香韵却自苦寒来。

亲爱的同学们，你们想过没有，何以致远？

不要忘了，读书致远。尽管你们已经读过很多书，读书却是一辈子的事，阅读会给你智慧与精神，给你到远方的方向与方法。请记住宁静致远，浮躁不会把你带到远方，不要为眼前的名和利而耗尽你终生。要知道"知止"可以致远，尤其走得很快的时候，稍微歇一歇，想一想，你会走得更远。你们要善于与他人协力，携手共进而更容易致远，神九的三位宇航员若不齐心协力，何以到达远方的天宫？

同学们，要想到达远方，还需要注意什么？

请注意，千万别在错误的方向走得太远。别在精明的方向走得太远，切莫以为别人都是傻子；别在抱怨的方向走得太远，多想想如何建设；别在仇恨的方向走得太远，人不能生活在仇恨之中；别在功利和俗气的方向走得太远，千万别嘲笑老一辈的执着和爱；别在自以为是的方向走得太远，而错把理想和情操当成天真；千万要注意事关国家和社会的发展方向，尤其当你作为一名领导者的时候。我们的国家曾经在"文革"的路上走得太远，使中国人民付出了惨痛的代价。所幸今天我们的国家和党中央没让某些人走得更远。

请注意，记住为什么而出发。黎巴嫩诗人纪伯伦说："我们已经走得太远，以至于我们忘记了为什么而出发。"我们总不能为了科技而科技，以致于忘记了对科技目的的人文拷问；总不能为了利润而利润，以致于忘记了企业的社会责任；总不能为了国家的发展而发展，以致于忘记了发展的根本与要义；总不能为了特色而特色，以致于忘记了本应遵循的原则和前进的方向。

也请注意，同学们，到远方的路上，也不必走得太快。印第安人知道，不要跑得太快，要让灵魂跟上。今天的时代似乎在拷问我们，可不可以在过度物质化、功利化的道路上慢下来，让精神回归。

也不必太刻意追求，一定要走多远。常常仰望星空，那就足够远了！

亲爱的同学们，勇敢地走向你们事业的、理想的、人生的、心灵的远方吧！向母校，向过去，向根叔的唠叨——告别！

（2012年6月23日）

告　别

——在 2013 届毕业典礼上的讲话

亲爱的 2013 届毕业生同学们：

你们好！首先，向你们完成学业表示最热烈的祝贺！

过几天，你们中间的大多数就要告别大学生活，告别你们的同学、老师，告别华中科技大学。

也许近一段时间以来，你们早就开始了告别活动。听说紫菘 13 栋的同学们用感恩心语向周凤琴阿姨告别："走得了的是人，散不去的是情。"我还知道，为了告别，你们很多人一定哭过、笑过、喊过；为了告别，你们拥抱过、沉默过、醉过。酸甜苦辣，个中滋味，只有你们最清楚。

你们即将告别抢座位的日子，告别没有空调的宿舍，告别你怎么都不相信没赚你们一分钱的食堂；告别教室里的乏味，告别图书馆中的寻觅，告别社团中的忘我；告别留下你浪漫、清幽的林间小道和石凳，告别你至今还未看懂、读懂的华中科技大学，告别你们背后的靠山——喻家山。

的确，人生其实是在不断地告别。初中后我才告别饥饿，"文革"中我告别了雄心壮志；长大了告别了一些豪言壮语，不再去想解放"世界上还没解放的三分之二的人民"；及至而立、不惑之年，我又告别"凡是"……那都是一些酣畅淋漓的告别。此外，还有很多不舍的告别，即告别那些在我人生的征途中扶过我一把、陪伴过我一程的人。同学们，不知道你们是否真正懂得，为什么而告别？还应当告别什么？

你们应当为了"成人"而告别。

你的大学生活也许一帆风顺，成绩优异，运动场上吸引过不少异性的目光，社团中也不时留下你的身影。你觉得自己"成人"了，其实未必。也许，不久的将来你恰恰就会告别"一帆风顺"。你可能已有鸿鹄之志，志向满满没什么不好，但谨防志向成为你人生的束缚和负担。不妨让自己早一点有告别"一帆风顺"的思想准备，让志向成为你人生的一种欣赏，一种尝试。

要离开学校了，也有少数同学突然发现要"成人"的恐惧。想着终将逝去的青春，自己似乎还未准备好，懵懵懂懂怎么能一下子走向社会？睡懒觉的时候很香甜，玩游戏（打Dota）的时候很刺激，翘课的时候很自在，挂科的时候很无奈，拿不到毕业证时两眼发呆……可生活还得继续，只是要永远告别游戏人生的态度。

为了"成人"，你们需要自由发展，这是华中大教育的真谛。在日后寻求自我的过程中，你们要告别浑浑噩噩，告别人云亦云，告别忽悠与被忽悠。保持一份独立精神，那才不枉在华中大学习过几年。

为了"成人"，你们又得告别过分自我。别太把自己当回事。在华中大几年,你可能不觉得受到过学校的呵护,甚至宠爱,你可能就像天之骄子。可是,真正到社会上,没有人再把你视为天之骄子,社会甚至会让你面目全非!为了"成人",你们需要告别过分的功利、过分的精明。过分的功利会腐蚀你的心灵,过分的精明会扭曲你的人格。不要把与别人的交往看成实现你自己的预期和目的的工具。你自己太精明,别人可不是傻瓜。不如"傻"一点,糊涂一点,别人不致于对你使"精明"。让心灵对社会开放,对他人开放!

我相信,你们的告别更多的是为了相约和再见。很多同学踌躇满志、跃跃欲试。你们相约十年、二十年后再相见。那时候,你们可以交流服务国家、社会的心得,可以交流奋斗的体会,可以分享成功的喜悦;那时候,你们再来喻园,让母校以你们为荣。告别了,有一天,与老师相约,与母校相约,与同学相约,与初恋相约!

有些告别特别艰难。比如,你成绩优异,深具研究潜质,你将来有条件成为一个科学家;同时,你综合素养很好,今天已经是学生领袖,将来也有条件成为一个好的政治家。现在,无论你选择其中哪一个,意味着你可能告别另一个你将来并不难得到的东西。你或许彷徨、犹豫、纠结了吧?亲爱的同学,只要懂得舍弃,就很容易告别选择的艰难。

告别某些风气或习俗也很艰难。尽管如今有拼爹的现象,但毕竟不是成功之道。有一个"好爸爸",不妨告别对你爸的依赖;没一个"好爸爸",那就告别羡慕嫉妒恨。过几年你们可能面临谈婚论嫁。要结婚,是否一定要有自己产权的房子?有些年轻人为此而不惜"啃老"。华中大的小伙子们、姑娘们,千万告别"啃老",告别"俗气"。

在物欲横流的世风下,很容易忘记人的意义与生存价值,忘记信仰和独立精神。中华民族的复兴可不仅仅是经济的跃进,还需要精神的崛起。同学们,希望你们要有告别麻木、告别粗鄙、告别精神苍白的自觉,为国家,为你们自己!

如果使你自己置身于更大的天地,就会懂得有些告别特别伟大,如三十年多前党中央对"文革"的否定。否定"文革",使国家告别了封闭,告别了破坏,告别了对人的蔑视;使人民告别了斗争,告别了恐惧,告别了贫穷。那是多么伟大的一场告别!最近习近平总书记强调,"党自身必须在宪法和法律范围内活动","依法治国首先是依宪治国,依法执政关键是依宪执政","把权力关进制度的笼子里",等等。告别权力崇拜同样是一场伟大的告别。希望你们今后在党的领导下,投身其中,告别对法律的任何藐视!

虽然人生在不断地告别,但有些东西是不能告别的。

亲情是不能告别的。曾经我告别乡村,告别与我相依为命的奶奶。但直到今天,我内心从来没有告别奶奶的亲情,尽管她已经去世四十多年。我的一个已经去世的工人朋友,有一个儿子,上了大学,出国了,多年不与母亲联系。他可是告别了亲情啊!我就不明白亲情是在什么情况下能告别呢?

学习是不能告别的,你们可以告别学过的知识,但不能告别学习的习惯。努力奋斗是不能告别的,不然,你一生大概都会不断地告别机会。

改革与开放是不能告别的,如果你们尚有家国天下之情怀,一定铭记于心。

同学们,关于告别,很难说尽,关键还得靠你们自己体悟。

不多说了,我也要向你们告别啦!让我们告别,其实也将是各自新的抵达!

(2013年6月21日)

同歌同行

母校与你们同行

——2006年"同歌同行"晚会

同学们,你们就要踏上新的人生征途。我代表学校党委和行政为你们送行,向你们表示衷心的祝贺与祝福!

同学们,新的征途上,母校将与你们同行。

母校的精神与你们同行。明德、厚学、求是、创新,这是校训,也是母校的精神。记住它,让它伴随着你,你会永远有方向;让它伴随着你,你会永远有力量;让它伴随着你,你会永远有希望。

同学们,母校的文化与你们同行。在这里,你们受到过学校浓烈的文化氛围的熏陶。中华民族的元典文化、西方的工业文明、当今的全球化,等等,都围绕着我们的学子。请带着它,让它伴随着你,你会成为中华民族的脊梁;让它伴随着你,你会走向世界。团结、协作、务实、奋进,这也是华中科技大学的氛围。请带着它,让它伴随着你,在你成功的时候,休忘了他人的帮助,休忘了帮助他人;让它伴随着你,在你失败的时候,奋起而拼搏。

同学们,母校的知识与你们同行。在这里,你们学过那么多知识。请带着它，让它伴随着你，日后的征途上，那是工具与武器，也是动力与能力。征途上，你们还需要许多新的知识。请到母校来，母校的知识与你同在。

同学们，母校的情谊与你们同行。在这里，你们有过自己的爱情和友谊，即便没有结果，也要记住它，不要忘怀，不要忘记因为母校而带来的属于你们自己的情谊。对于你们，母校要给予终身的爱，终身的关怀，因为你们永远是华中科技大学的学子。过去的几年，因为有了你们，母校更有生气；因为有了你们，母校更有活力。如今，你们就要上路了，请带上母校的祝福，成功的时候，它与你同在；请带上母校的鼓励，拼搏奋斗的时候，它与你同在；请带上母校的牵挂与关怀，失落或失败的时候，它与你同在。

同学们，母校与你们同行，无论你是曾经辉煌的一群，还是迷失的一族。因为你们都是华中科技大学的学子。别为过去的辉煌而留恋，沾沾自喜，请低下头，踩着脚下的大地，一步一个脚印，母校会默默地助你攀登新的高峰；别为过去的迷失而自卑而哭泣，抬起头，看看远方，前面的道路一样宽广。也许你曾经迷失过，甚至犯过错误，也许母亲责怪过你，甚至骂过你，但是你不会缺少母亲的爱，而只会多一份母亲的牵挂。

同学们，母校与你们同行，无论你们今后走向成功，还是误入迷途。在你们成功的时候，母校与你们分享喜悦；在你们迷茫的时候，母校与你们共渡难关。

同学们，同行的路上，别忘了，时常依偎在母亲的怀里，来报喜、倾诉，乃至求助。

同学们，同行的路上，别忘了，时常关注一下你的母亲，注视她发展中的伟大与辉煌，哪怕是竞争中的悲壮与苍凉！

同学们，今天母校与你们同歌，明天母校与你们同行！

（2006 年 6 月 22 日）

准备好你的行囊

——2007年"同歌同行"晚会

明天,就要踏上征途,
同学,准备好你的行囊。
请装进追求与信仰,
让追求与信仰伴随着你,
在祖国,
在他乡;
在家中,
在战场。
当落叶随你而萧然,
当鲜花为你而开放;
当苦雨为你而低吟,
当百鸟为你而欢唱;
当风雨欲来,
当日月齐光。
即使礼崩乐坏,
即便风俗败伤,

让它伴随着你,
追求与信仰。

同学,准备好你的行囊。
让艰苦与奋斗伴随着你,
在田野,
在工厂;
在都市,
在边疆。
当霞光刚刚升起的时候,
当夜阑将尽的时光;
当阳春展现给你艳丽,
当肃冬呈现给你苍凉;
当某日身陷困境,
当他日大任天降。
请装进艰苦与奋斗,
明天的事业需要它开创。

同学,准备好你的行囊。
把友谊与爱情珍藏。
在青年园,
小径、石凳、池塘;
在教室,
聆听、微笑、目光;

在大操场,
健美、活力、奔放。
同学,让友谊与爱情伴随着你,
在商海里,
在仕途中,
在科学的攀登路上。
让友谊与爱情,
伴着自己,随着他人,
意气风发,斗志昂扬;
让友谊与爱情,
给自己,与他人,
消除迷茫,治疗创伤。

同学,准备好你的行囊。
别塞进自满与骄狂,
无论你今天的杰出,
无论你曾经的辉煌。
别塞进遗憾与沮丧,
昂起头,挺起胸膛,
前面的道路一样宽广。
别塞进妒忌与仇恨,
它会磨去你的智慧,
它会耗尽你的能量。

同学,准备好你的行囊。
系上母校的饰物,
让它装点上,
竞争与转化,
文化与素养,
服务与贡献,
责任与开创。
同学,准备好你的行囊,
在前进的路上,
让母校的饰物,
迎风飘扬。

(2007 年 6 月 21 日)

选 择

——2008年"同歌同行"晚会

同学们,晚上好!

几年前,你们选择了华中大,那或许就是你们人生中第一次重要的选择。随后的几年里,你们有了那么多难忘的选择。

在华中大,你们选择了刻苦学习,选择了课外创新实践活动;你们选择了公德长征,选择了烈士寻亲;你们选择了朋友,选择了属于自己的那一份情感。母校选择了支持、喜爱,还加上一份骄傲。

也许你选择过迟到,选择过逃课;也许你选择过沉迷于网络,选择过耽溺于游戏;在这个校园里,并非一切都是美好的,也许你选择过愤怒,甚至选择过谩骂。母校选择了理解、引导,还加上一份怜爱。

2008年的选择是那样的不平凡,而华中大的80后在2008年的选择又是那么令人震撼。

当大雪、坚冰选择了中国南方大地,你们选择了火热的心,去温暖,去融化;当"藏独"分子选择了骚乱,国际上某些人选择了帮腔,你们选择了愤怒,去谴责,去示威;当山崩地裂选择了汶川,你们选择了坚强,选择了爱心,去支撑,去抚慰；2008年奥运会选择了北京，你们选择了欢呼，选择了渴望，去分享，去期待。对你们，华中大的80后，母校选择了钦佩，选择了自豪。

同学们，在你们即将离开学校之际，请允许一个长者，多几句叮咛，多几句唠叨。

当你春风得意、一帆风顺之时，请你选择低下头，看看脚下的大地，一步一个脚印。

当你灰心丧气、迷茫彷徨之时，请你选择仰望星空，天空对你和他人一样宽广。

当你进入复杂的人际关系之中，茫然不知所措之时，请你选择简单，简单可以应对一切的复杂。

当你想有新的获得，你可能需要同时选择舍弃。不懂得舍弃，就难以有真正的获得。

对于别人的过错，请你选择理解与宽容；对于别人的给予，请你选择记忆；而你对别人的帮助，请选择遗忘。

同学们，当你们离开学校后，请选择时而看一看母亲的容颜，偶尔浏览一下母校的网站，去发现母亲新的美丽，去寻找那逝去的记忆。

同学们，对于已有的选择，永远不要遗憾，勇敢地去面对新的选择。

亲爱的学子们，对于你们，华中大永远的选择，那就是——牵挂！

(2008年6月21日)

我的太阳

——2009年"同歌同行"晚会

我的太阳,
把光芒洒在
爱因斯坦广场;
把晶莹抖在
喻园的池塘;
让光辉围绕着
裘法祖铜像。

我的太阳,
把光芒带进
华中大的课堂。
让光芒刻在
树林中的石凳上;
让光芒照射
我偶尔烦忧的心房。
还有个太阳,

那就是你。
光华就在你脚下，
火热填满你的胸膛，
辉煌源于你的眼睛，
灿烂写在你的脸庞。

我的太阳，
永恒的太阳！
明天，
你用火热
点燃我的激情和希望。
你把辉煌写在
东九和西十二的墙上。
把灿烂留给
我们共同的
梦想。

（2009 年 6 月 22 日）

记忆中

——2010年"同歌同行"晚会

记忆中，春来喻园桃花红。曾为谁妆，今为谁容，问过春雨又东风。那堪风雨落地红，爱情初恋，同学情谊，记忆东南西北中。

记忆中，夏日喻园荷花容。不染不妖，外直中通，敬看华中莫亵弄。竞争转化论英雄，华中科技，同舟共济，记忆却在不言中。

记忆中，秋来喻园似蟾宫。清风丝丝，暗香浮动，学术风气自是浓。育人创新责任重，低调收获，奋进拼搏，记忆尽在品味中。

记忆中，冬来喻园大不同。料峭寒意，宿舍冷冷，手脚冰凉煞是冻。华中我校却从容，蜡梅凌霜，冷眼笑看，记忆留待蓄势中。

记忆中，同歌同行成轰动。爱心恨意，悲情喜事，人生路上携手同。任凭春夏与秋冬，学子母校，真情永永，记忆尽在牵挂中。

(2010年6月21日)

未 来

——2011"同歌同行"晚会

未来,
凝望着,依稀几分——绿色大山,
遥看着,无垠深蓝——天空大海,
注视着,白色裹着的——精细与生命,
体验着,血色浸染的——激情欢快。
红白蓝绿——
未来,原来是希望的色彩。

未来,
幻想着,天高海阔摘星揽月,
期盼着,老当何为儿孙在怀,
感叹着,壮心不已成功安在?
憧憬着,风华正茂天生我才!
青壮老少——
未来,原来是生命的等待。

未来,
担心着,丛林里草木荣衰,
陶醉在,天空中鸟儿畅怀,
贪恋在,大海中鱼儿自在,
守望在,屋檐下苦苦期待。
人鱼鸟兽———
未来,原来是自由的期待。

未来,
回家来,无论贫富狗儿迎候,
昂起头,即使弱势尊严仍在,
依偎着,直到逝去数码记载,
打开窗,假话空话随风吹开。
真诚信义———
未来,原来是情感的私宅。

未来,
抖落着,纷纷雪花———寒梅早报,
欢笑着,丰收果实———生息静待,
忍耐着,烈烈酷暑———干实稷穗,
滋润着,绵绵细雨———火热情怀。
春夏秋冬———
未来,原来是时间的至爱。

(2011 年 6 月 19 日)

我们从久远走来

——2012年"同歌同行"晚会

我们从久远走来,一个声音告诉我们:"人法地,地法天,天法道,道法自然。"(老子)

我们从久远走来,看到北海有大鹏,"怒而飞,其翼若垂天之云,水击三千里,抟扶遥而上者九万里!"(庄子)

我们从久远走来,一个声音说:"大自然不会欺骗我们,欺骗我们的往往是我们自己。"(卢梭)

我们从久远走来,看到他真自在:"我的茅屋子,风能进,雨能进,国王不能进。"(洛克)

我们从久远走来,听到子在川上曰:"逝者如斯夫,不舍昼夜!"(孔子)

我们从久远走来,还要走向遥远的前方。一个声音告诉我们:"士不可以不弘毅,任重而道远。"(孔子)

我们从久远走来,还要走向理想的远方。一个声音告诉我们:"在那里,每个人的自由发展,是一切人自由发展的条件。"(马克思)

我们从久远走来,还要走向未来的远方。"惟思将来也,

故生希望心……惟希望也,故进取……惟进取也,故日新……惟思将来也,事事皆其所未经者,故常敢破格。"(梁启超)

我们从久远走来,还要走向未知的远方。无论成功与否,"穷则独善其身,达则兼善天下。"(孟子)

我们从久远走来,还要走向自由的远方。带上什么最宝贵的东西?"人类最宝贵的财产——自由。"(伏尔泰)

我们从久远走来,还要走向生命的远方。请珍惜你的生命旅程,"人生天地之间,若白驹过隙,忽然而已。"(庄子)

我们从久远走来,还要走向神奇的远方。不妨问一问,想一想:"我们要到哪里去?我们为什么而出发?"(纪伯伦)

让我们谨向天问:"路漫漫其修远兮,吾将上下而求索!"(屈原)

(2012年6月21日)

随君东南西北中

——2013 年"同歌同行"晚会

桃
你来了，乍暖还寒的时候，
用我的洁白，我的粉红。
别离开我，请带走我，
纵然只剩落红，
随你的梦……
自由奔放，激情涌动，
随君东南西北中。

荷
你来了，激情燃烧的日子，
用我的妖娆，我的持重。
别离开我，请带走我，
纵然飘零水中，
随你的梦……
出淤不染，外直中通，
随君东南西北中。

桂

你来了,收获金黄的季节,
用我的暗香,我的醇釀。
别离开我,请带走我,
纵然化作尘泥,
随你的梦……
不慕娇艳,不作妆容,
随君东南西北中。

梅

你来了,寒风凛冽的时候,
用我的淡浓,我的凝重。
别离开我,请带走我,
纵然雨雪霏霏,
随你的梦……
无畏从容,傲雪凌风,
随君东南西北中。

(2013 年 6 月 18 日)

心灵之约

我看人文素质教育

尊敬的许校长、各位老师和同学：

大家好！非常高兴再次来到澳门科技大学，与大家分享我对人文素质教育的一些看法。现在人们到处都谈人文素质教育，但它究竟是什么、怎么做，其实还是有一些问题值得继续梳理的。我想，主要的问题无外乎这样四点：一是组织者应该注意什么，二是演讲者应该注意什么，三是教师应该做什么，四是学生应该关注什么。围绕这四个问题，我把自己的观点概括为四个"一点"：一是深一点，二是远一点，三是广一点，四是多一点。下面围绕这四点展开。

一、深一点

我所说的"深一点"，包括这样三层：一是到历史的深处，二是到人的根基，三是到心灵深处。

（一）深一点，到历史的深处

到历史的深处，需要我们认真了解中国的元典文化。武汉大学著名学者冯天瑜先生认为，所谓"元典精神"，是指一个民族的"文化元典"所集中体现的原创性精神。这种典籍因其首创性及涵盖面的广阔性、思考的深邃性，而在该民族的历史进程中成为生活的指针，我们把它们称为"文化元典"。

到历史的深处，需要我们认真倾听历史的沉思，寻求中华文化的根脉。对我们伟大祖国的国家建设而言，适应社会发展进程的政治制度，既要以中华文化为根基，也应吸取世界其他先进文明成果。如果不能做到两者相统一，不能以中华文化为根基，我们的国家就会像美国著名政治学家塞缪尔·亨廷顿所言，变成一个"无所适从的精神撕裂的国家"。

中华文化的根脉，亦即中国文化的核心思想，就是"礼"。《光明日报》2006年7月13日有篇文章，是彭林先生的《守望中华礼仪之邦——兼谈人文奥运》，里面引述了已故的国学大师钱穆关于"礼"文化的一些观点。钱穆先生在1960年代于台北会见一名美国学者时，认为中国文化的核心思想就是"礼"，要了解中国文化就必须站到更高点来看中国之心。可以说，"礼"统领着中国传统文化，它也是整个华人世界里一切习俗行为的准则，标志着中国的特殊性。

中国的礼乐文化源远流长。儒家文化认为："乐者，天地之和也；礼者，天地之秩序也。"在孔子看来，仁是礼的基础，礼是贵贱有序，乐是对礼的调度。礼乐不僭越，就会形成和谐社会。在荀子看来，"乐合同，礼别异。礼乐之统，管乎人心矣。"这都是对礼乐之间关系的辩证认识。

当代中国学者对礼乐文化同样有深刻的思想认识。邹昌林先生有部著作《中国礼文化》，开宗明义地提出三个基本看法：

一是中国文化置根于礼，二是中国礼文化大约在西周时代定型，三是儒学不过是从属于这一文化模式的一个发展阶段，不过是中国礼文化的价值体现者。他认为，礼不仅是儒家的根，也是道家、法家的根，而"道家思想亦是三代以上礼文化的产物"。《中国社会科学院研究生院学报》2003年第1期王飙的文章《中国源文化的现代解读——读〈中国礼文化〉》，对其观点进行了评述，还在其基础上进一步认为，"法家思想也是从礼文化中分化出来的，甚至是从以孔子为代表的早期儒家中分化出来的"。这些看法是值得我们重视的。

那么，我们今天究竟能从历史及文化的发展中悟到什么？毋庸讳言，中国传统文化确实有许多的不足，但它在异族侵略、征服的情况下依然显示其强大的生命力和无与伦比的同化力，而人们经历了多次疑虑、彷徨后也还是发现了它的伟大，以至于我们今天仍然能看到中华文化在起着明显的作用，它也充分地说明了中华文化不朽的生命力。

当然，我们今天不应只是沾沾自喜，还应当认真反思中华文化的不足之处。譬如，中华古文明中不乏唯我独尊的事例，其思想渊源可追溯到孟子那里。《孟子·滕文公上》说："吾闻用夏变夷者，未闻变于夷者也。"这一观点对后世的消极影响是值得认真批判的。

来自广州的同学们可能知道这么一件事：2006年7月18日，一艘瑞典仿古船"歌德堡"号抵达广州，国王古斯塔夫和王后随行。这次活动的历史依据，是乾隆四年（1739）发生的

"歌德堡"号沉没事故。当时这艘洋船首次抵达广州,欲与清政府进行通商,没想到天朝大国的乾隆皇帝发话:"天朝物产丰盈,无所不有,原不藉外夷货物以通有无。"

乾隆帝的这一看法,代表了封建王朝统治者长期唯我独尊的基本立场。著名的文化学者余秋雨先生曾经在一次电视节目中谈中华文化的不足,我印象中记得他的几点批判意见,一是说中华文化对"人"自身的关注不够,仅仅关注天、地、君、亲、师;二是说它不利于社会公德的建立,亦即制度化不够,必须依赖于人的自省,而这是很难真正做到,也不可能切实操作的。

那么,到历史的深处究竟该挖掘什么?譬如,我们从哪里来?我们为什么会是现在的样子?像刚才那样唯我独尊的文化立场,究竟是文化的自信还是文化的傲慢?我们怎样进行文化的反省?从历史文化的发展过程我们究竟可以悟到什么?怎么看待中国历史文化中的人本思想?中外经典文化的当代意义何在?中国传统礼文化在今天是否还有积极意义?……诸如此类问题,无疑都是值得展开讨论和深入探究的。

(二)深一点,到人的根基

到人的根基,至少包含这样几个哲理命题,譬如,人的存在,生存哲学,人与自然的关系,人对自然的敬畏,人对生命意义的尊重,等等。

关于人的存在,这是西方哲学最关注的基础问题之一。古往今来的哲学家已经有非常多的理论探究。譬如 20 世纪最具影响的分析哲学家维特根斯坦认为,可惊的不是世界怎样存在,而是世界竟然存在:"世界存在是令人震惊的,世界'竟然'存在更是令人震惊不已。"

其实,关于人的存在的哲理思考,早在欧洲文艺复兴时代就有一股思潮涉足于此。这便是"Humanism",我们通常译为"人文"或者"人文主义",亦即在超越和反对中世纪欧洲宗教传统的过程中,把希腊、罗马的古典文化作为一种依归,用这种办法来回皈世俗的人文传统。从其根基上说,所谓人文思考正是对人的存在的抽象玄思。

关于人与自然的关系,中国传统文化有"天人合一"的观念,并作出了古典思想的阐述。譬如汉武帝时期的著名儒生董仲舒,曾经系统地提出了"天人感应"或"天人相应"的学说,经由汉武帝"罢黜百家、独尊儒术"的文化大一统政策,他的思想学说成为传统儒家政治文明的奠基石之一。哈佛大学有位著名的华裔教授杜维明,他在《儒家人文精神与文明对话》(载《中国大学人文启思录》第四卷)中曾经提到一则轶闻,国学大师钱穆在去世前说自己有一个彻悟:中华民族对世界人类全体的贡献,就是一个天人的观念。

与西方启蒙运动以来所发展的以人类为中心的思想不一样,中国传统文化观念中的"天人合一",强调的是人与自然的和谐关系。譬如庄子言:"道非独在我,万物皆有之。""天地与我并生,万物与我为一。天地万物,物我一也。"孟子言:"不违农时,谷不可胜食也。数罟不入洿池,鱼鳖不可胜食也。

斧斤以时入山林，材木不可胜用也。"这都是对人与自然之间关系的理性认识。

关于人的自由发展，这也是到人的根基的一个基本问题。马克思在划时代的文献《共产党宣言》中如是说："在那里，每个人的自由发展是一切人自由发展的条件。"他的《1844年经济学哲学手稿》也谈到这一点："一个种的全部特性，种的类特性就在于生命活动的性质，而人的类特性恰恰就是自由自觉的活动。"马克思对人的自由发展的论说，虽然不是直接针对教育，但无疑是有巨大的启迪作用。

从教育学的角度看，人的自由全面的发展，显然不是指对人的原始与野性的放任，而是在教化之后的更高层次的觉悟。正是成为其自己，方可以说他能有"自由发展"和"自由自觉的活动"。在这层意义上看，我们甚至不妨探讨这样一个话题：是否可以说教育的问题乃至最高的目的，究其实质就是"让学生自由发展"或"让学生成为其自己"呢？

当然，大家对这类问题完全可以各抒己见。在我看来，到人的根基的意义至少包括：让学生明白人的存在的价值和意义，明白学习的动力、自觉性、责任感，明白从人的根基上建立对"人"的情怀，明白"天人合一"的基本道理，从而更好地实现人的自由全面的发展。

（三）深一点，到心灵的深处

到心灵的深处，听上去好像很玄妙。其实，中西文化传统都有对此问题的阐释和实践，不过二者各有其路径，也各有其得失。譬如，在西方，强调以神为中心的宗教文化，人的灵魂靠上帝管理；在中国，则是强调以人为中心的儒家文化，人的灵魂的管理靠自己。这是比较哲学经常探讨的一大主题，我这里就不再详细展开。

那么，对于当代大学生而言，内心究竟应当有着怎样的人文情怀？或者换句话说，到心灵深处究竟应当挖掘些什么？这个问题同样是见仁见智。杰克·坎菲尔、马克·汉森的《心灵鸡汤》，应该是大家都知道的一本励志书，里面特别谈到了"爱"的力量："人类在探索太空，征服自然后，将会发现自己还有一股更大的能力，那就是爱的力量，当这天来临时，人类文明将迈向一个新的纪元。"

在我看来，到心灵深处所应挖掘的，至少包括这样几点：一是公德，二是真善美，三是情商。此外，新东方学校的创始人俞敏洪，还曾经特别提到一个概念"逆商"，其实也是值得注意的。他认为，决定人生未来的三要素，便是智商、情商和逆商。在他看来，逆商就是人们在面对生活中的苦难、灾难、不幸、挫折时采取的是积极的态度还是消极的态度，一个有逆商的人会把困难看作是老天对自己的考验。他的观点值得我们重视。

二、远一点

跟上面谈的"深一点"相关，我接下来要谈的是"远一点"。它包括这样几层：一是到世界，二是到未来，三是到虚拟。这里分别简单阐释一下。

（一）远一点，到世界

如果回顾世界文明史，不难看到这样一个历史事实：但凡发达国家，无不曾汲取过其他的世界文明成果。

这方面的典型例子是日本。日本是一个善于学习外来文化的国家，早在7世纪中叶"大化革新"时期，日本就先后十多次派出大规模的使团来到中国，形成了所谓"飞鸟文化"的气象。在奈良时期，日本更全面地向唐朝学习。等到19世纪西方崛起而中国逐渐落伍时，日本通过"明治维新"又开始文化政策的转向，主要学习西方，并且成功地实现了"脱亚入欧"，一跃而起为近代列强之一。

"到世界"的另一例证，是明清之际中国对近代西方文明的引入。大家如果在课外看过一些明清史的著作，就会知道明代末年西方学术渐入中国，并对传统文化产生强烈冲撞的历史现象，并且意识到它的历史意义之所在。

在西方传教士踏入中国土地，并带来近代西方科学技术与文化观念之后，身为朝廷重臣的徐光启，敏锐地发现西学之所以胜于中学，主要在于西学善言"所以然之故"，而中学"言理不言故，似理非理也"。他进而认识到，西学并非无"体"之"用"，也是以"体"为基的"用"。据此，他认为"欲求超胜，必须会通"，正所谓"熔彼方之材质，入大统之型模"。他跟意大利籍传教士利玛窦关系密切，还合译过一部古希腊经典数学著作———欧几里得的《几何原本》。这部译作刊印发行后，徐光启抚摸着此书大发感慨：这部光辉的数学著作在此后的一百年里，必将成为天下学子必读之书，但到那时候只怕已太晚了。然而，直到1905年清政府才废科举、兴学校，初等几何学才开始成为中等学校的必修科目。当年徐光启"无一人不当学"的预言，推迟到300多年后才实现，其中的曲折艰涩实在耐人寻味。

近代中国对西方文明的引入，则经历了自鸦片战争以来列强以坚船利炮进行的血与火的洗礼。我们都知道，近代中国有过一次规模浩大的"洋务运动"，其核心思想便是"中学为体，西学为用"。譬如洋务派的中坚人物张之洞，就多次阐发其"旧学为体，新学为用"、"中学治身心，西学应世事"的基本立场。至于稍后的"维新思潮"，则演变为1898年著名的"戊戌变法"。当时的思想家中有一位是寓居澳门撰写传世名著《盛世危言》的郑观应，如今澳门有一处文化遗址便是"郑家大院"。他在该书的自序中认为，"西方富强之本，不尽在船坚炮利"，只有实行政治体制、观念形态的改革才能使中国富强。这一观点是极具时代前瞻性的，至今仍有巨大的思想价值。

至于距今已有90年的"五四运动"，在其前后也发生过许多次规模不一的思想论战。从1915年开始的"新文化运动"，宗旨便是全面检讨中国传统文化，由此揭开了"东西方文化论战"的帷幕。

从1915年到1927年，以陈独秀、李大钊主编的《新青年》和杜亚泉主编的《东方杂志》为两派代表，发起了参与者达数百人的"东西方文化论战"。其中最有影响力的两方言论，一是以胡适为代表的西方文化派，一是梁漱溟为代表的东方文化派。胡适认为西方文化高于中国文化，梁漱溟却认为未来文化就是"中国文化的复兴"。至于伟大的革命先行者孙中山，则在1919年撰成的《建国方略》中如是说："欲使外国资本主义，以造成中国之社会主义，而调和人类进化之经济能力，使之互相为用，以促进将来之文明也。"

这里值得特别一提的是步入晚年的梁启超。作为清末民初最具社会影响力的思想家，他早年是维新变法运动的鼓吹者和践行者，曾经热烈地讴歌西洋文明，但自旅欧归来后，于1920年写下《欧游心影录》，对其发生改变的晚年思想有忠实的记录。他在该书中如是说："拿西洋文明来扩充我的文明，又拿我的文明去补西洋的文明，叫他化合起来成一种新的文明。"他号召青年以"孔墨老三位大圣"和"东方文明"去拯救西洋文明，可见其思想开始出现一定程度的调和。

十月革命一声炮响，马克思主义文化派开始在现代中国的历史舞台上崛起。一些从新文化运动中转化而来的先进知识分子，既反对走中国固有的"东方文明"的路，又反对"全盘西化"，于是选择了这条新的道路。

总之，远一点，到世界，其意义是多方面的，不仅是为更好地了解世界的发展趋势，了解中西文化的碰撞进程，其终极目标则是为了中华的崛起。

（二）远一点，到未来

梁启超有过一篇精彩文章《少年中国说》，其中说："惟思既往也，故生留恋心；惟思将来也，故生希望心。惟留恋也，故保守；惟希望也，故进取。惟保守也，故永旧；惟进取也，故日新。惟思既往也，事事皆其所已经者，故惟知照例；惟思将来也，事事皆其所未经者，故常敢破格。"他还说："使举国之少年而果为少年也，则吾中国为未来之国，其进步未可量也。使举国之少年而亦为老大也，则吾中国为过去之国，其澌亡可翘足而待也。"

梁启超这篇文章阐述的主旨，其实也正是近代思想家对于"到未来"的基本立场。这篇文章具有振聋发聩的社会影响，对我们今天尤有启发意义的，则是关于教育责任的基本观点："制出将来之少年中国者，则中国少年之责任也。"

在我们今天这个时代，"到未来"具有比梁启超那个时代更为广阔的内涵。在我看来，这至少包括如下两方面：一是必须看到未来的科技对世界的影响，如互联网、能源革命、生命科学和人工智能；二是必须看到未来的社会改革，如"民主是个好东西"，积极稳妥推进政治体制改革，以及"公民社会"的构建。这些问题，都是值得我们继续深入探讨的。这里不再展开。

（三）远一点，到虚拟

之所以谈远一点，到虚拟，是因为在我们这个时代，现实和虚拟世界的边界变得越来越模糊了。同学们应该有最直观的体验，这一方面表现在人们越来越多的时间花在虚拟世界（上网），一些现实的东西变成虚拟，而虚拟世界也能转化成现实；另一方面，则是虚拟世界对生活方式的影响也越来越大，不仅对社会政治生活发生越来越广泛的影响，也延伸到对教育的影响、对心理的影响。

三、广一点

所谓"广一点"，在我看来至少应包括这三个方面：一是科技教育中的人文价值，二是专业教育中的人文情怀，三是服务学习中的人文体验。

我在这些年的高等教育实践中，一再强调要多一些关注人文素质教育的专业教师。人文素质教育不能仅靠人文素质讲座和人文课程，专业教育中也应该体现。通过这样的教育，才可能更好地锻炼学生的社会关怀、批判思维和健康情感。

这里还要讨论一个老生常谈的话题：科技教育中的人文价值。中国科学院研究生院人文学院的孟建伟教授，对此问题有过很精彩的论述。

问题之一，是对人文价值的片面理解。如果认真剖析现代西方人本主义文化观，不难看到它有时恰是一种反科学主义或反科技主义，甚至还是一种非理性主义，因为认为现代科学不具有人文意义和人文价值，客观上加剧了所谓的科学世界和人文世界的分离和对立。

问题之二，是对人文精神的片面理解。譬如现代新儒家的文化观，也是一种反科学主义或反科技主义，甚至还流于一种泛道德主义。客观地说，现代新儒家关于科学和人文世界的划分更加绝对，进一步加深了科学文化和人文文化、科学精神与人文精神的分离和对立。

问题之三，是对科学的人文价值的忽视。近代西方科学发展史存在两种科学观。一是实证主义的科学观，以逻辑实证主义为代表。它具有两个最显著的特征，即实证主义和科学主义。由于它将科学看作是一种超越人类历史及其文化母体的"事物"，科学本身的人文意义和人文价值就被大大地忽视了。二是功利主义科学观，以英国培根为代表。它也有两个最显著的特征，即工具主义和科技主义。由于它看不到科学更是一种文化，因此也忽视了其独特的人文意义和人文价值。这都是值得我们警惕和反思的。

那么，科技教育中的人文价值，究竟有怎样的内涵呢？必须看到一点：科学文化同人文文化一样，也有重要的并且是别的文化无法替代的人文意义和人文价值。根据孟建伟教授的总结，科学作为文化，具有五种人文意义和价值：一是认识意义和认识价值，二是思想意义和思想价值，三是智力意义和智力价值，四是精神意义和精神价值，五是审美意义和审美价值。他的这些观点，我在这里不再展开。大家课外有兴趣的话，不妨进一步参阅和学习。

至于科学精神与人文精神之间，则应当看到这样一种辩证关系：人文精神是以追求真善美等崇高的价值理想为核心，以人的自由和全面发展为终极目的；科学精神本身就是一种人文精神，是人文精神的一个不可分割的重要组成部分。求是精神是对真理和知识的追求并为之而奋斗，竞争精神是崇高的奥林匹克理想和精神，人本精神则是为人类幸福、自由和解放而奋斗。

这里还有一个很有意思的话题，这就是科学与技术中的美学。同学们可能会奇怪，科学技术怎会有美学、怎么美起来？其实，大家如果留心观察生物学，会看到譬如生物体细胞的形态、生物纤维组织的结构、微观组织所具有的自组织性和对外力及自然环境的适应性以及神奇的生命形态和物质形态，无一不是具有审美价值的。至于建筑学领域，建筑学家对建筑形态的构想，更能从生命和物质的形态和空间中充分地吸取艺术灵感、汲取美学营养。

还有一个例子可说明科学中的美感。美国著名的华裔物理学家冯达旋博士，曾经担任德州大学达拉斯分校副校长，有一次跟母亲谈到 Maxwell 方程式的美，他母亲是位音乐家，说："约莫同时，还有另一位在智识成就上同样伟大的人叫做肖邦，他生于 1810 年，1849 年过世。我最喜欢肖邦的夜曲，你如果细读它的琴谱，会觉得那和 Maxwell 方程式有异曲同工之妙！"

接下来，我再谈谈专业教育中的人文情怀。儒家文化有所谓"君子不器"的说法，换成我们今天的话，意思就是一个缺乏综合素养的技术人，不是一个完整的人。实际上，人文情怀其实也是良好工程技术素养的一部分，而脱离人的存在的技术则是没有意义的。大家想想，如果把老子的思想融入工程教育中，譬如"大成若缺，其用不弊；大盈若冲，其用不穷。大直若屈，大巧若拙，大辩若讷"，又如"有无相生，难易相成，长短相形，高下相倾，音声相和，前后相随"、"大音希声，大象无形"，这是否也是一种人文情怀？

在我看来，在工程实践教育中，教师的人文情怀之体现，就是"应该让学生成为他自己"，其内涵至少包括这样三点：一是关注人类及社会的重大问题，二是明白工程与天、地、人之道，三是具备技术中的人文情怀（如低碳意识）。至于如何构建一种"服务学习"（或社会实践），以及如何从中获得人文体验，这方面不仅有美国的"服务学习"可供参照，新加坡也有一些学校作出了良好的示范。学生通过服务学习或社会实践，能够从中获得的人文体验，至少包括这样一些内容：关注社会重大问题、责任意识、公德和基本价值。这都是我们今天应当探讨和值得学习的。

四、多一点

由于时间关系，最后一个"多一点"，这里就简单谈谈。究竟该多一点什么东西？我认为，办学理念应该多一点人文关怀，普通教师应该多一点人文素养，学生之间应该多一点人文交流。

高等教育思想应该多一点人文关怀，这需要我们从根基上认识高等教育的基本理念,把握人文情怀与工程实践教育的关系,做好专业教育中的宏思维能力的培养工作,提倡并实践一套开放式的高等教育,别把创新教育作为一种用来摆摆样子的"奢侈品"。它也需要我们从教育改革的语境看高等教育的本质,需要学生主动实践,那才是创新能力培养的关键。需要让学生获得自由发展的空间,并认识到这正是高等教育的目的,需要我们对教育事业始终保持一种敬畏感。

这里再展开谈谈如何营造文化氛围。我认为,文化氛围涉及的因素很多,其中有两字很重要———"中和"。具体来说,在强调开拓的同时,能否有一份坚守;在强调发展是硬道理时,能否坚持某些原则;在强调脚踏实地的同时,能否也常常仰望星空。一方面是面向国家和社会重大需求的轰轰烈烈,另一方面是某些(哪怕是很少)悠游徜徉地在氤氲润泽的环境里,悄无声息地进行研究的孤独者。进而言之,在鼓励团队精神时,能否对"科学孤独者"多一份宽容,像"养士"一样培育一种闲适的氛围、形成一种出精品的意识;在强调保持特色的时候,能否摒弃某些落后的东西;在强调活跃时,能否保持一份冷静。这些问题,在我们今天容易显得急功近利的高等教育中,都是值得冷静反思的。

与此相应,普通教师应该多一点人文素养。我坚持的立场就是:普通教师应该多一点人文素养,首先需要进一步提高自身的人文素养。普通教师对学生的人文关怀,应当像古人所说的"道不远人"那样,注意掌握普及与传播的技巧,注意给学生们以"心灵鸡汤",因为这些莘莘学子的心灵需要抚慰。

此外,学生之间也应该多一点人文交流,许多学校也确实在努力。譬如,广泛开展各类读书活动,组建各种学生社团并组织活动,以及强化学生的自我人文教育意识,等等,都是行之有效的方法。

总之,我看人文素质教育,强调这样七个"不局限于",即不局限于讲座、不局限于学者、不局限于课堂、不局限于知识、不局限于学校、不局限于现在、不局限于中华;同时强调这样四个"更",即更深、更远、更广、更多。我的这些看法,供同学们参考。

(2011年5月4日于澳门科技大学的演讲)

自由发展与人文情怀

我今天的话题是关于教育的。长期以来高教界都非常关注"如何让学生自由发展"等教育问题。大学，现在似乎只是一个社会的风向标，在我看来这是不够的。大学至少应该在很多领域起到引领作用，能够引领社会进步，乃至引领文明进步。站在大学这一人类文明创造出的神圣殿堂里，我们应该对这些问题作更深入的思考：到底教育的良心是什么？我们对教育应该有什么样的人文拷问？对受教育者来说，尤其是大学生，我们需要什么样的教育自觉？教育者和被教育者应该有什么样的意识？

下面我将分四个方面来进行阐述：第一是教育的面向，第二是让学生自由发展，第三是学生意识，第四是教师意识。

教育应面向什么？

教育应该是真正面向人的教育。我有个观念，中国教育在很长一段时间里，没有真正对学生开放。不是学生来上学了，就说学校对学生开放，真正的对学生开放，是指教育对学生心灵的开放。

很长一段时间以来，我们对教育的面向认识是不清晰的。

在很长的一段时间，我们的教育是面向政治的教育。当然，这是一个永恒的话题，有时候我们也强调"教育与生产劳动相结合"。面向政治和面向生产劳动都需要，但仅仅这样是不够的，更高层次的教育首先应该是真正面向人的教育。

党和国家在不同历史时期对教育目的有着不同的提法。1957年毛泽东提出，"我们的教育方针，应该使受教育者在德育、智育、体育几方面都得到发展，成为有社会主义觉悟的有文化的劳动者"，对此大家可能非常熟悉。1958年提出"教育与生产劳动相结合"，正是我所说的在很长时间内，是面向政治和生产劳动的。1995年，全国人大八届三次会议通过的《中华人民共和国教育法》明文规定，"教育必须为社会主义现代化建设服务，必须与生产劳动相结合，培养德、智、体等方面全面发展的社会主义事业的建设者和接班人"。党的十六大提出，"坚持教育为现代化建设服务，为人民服务，与生产劳动和社会实践相结合，培养德智体美全面发展的社会主义建设者和接班人"。

这些提法都是党和国家在不同的历史时期对教育的基本要求。从中我们可以看到，我们对教育培养目标的认识在不断深化，教育应该是真正面向人的教育。

教育，还应当是面向世界的教育。

在谈教育的面向时，我们经常强调面向社会和业界，可是在今后中华崛起的历史进程中，我们还得面向世界。中华未来真正的崛起，需要文化的崛起，而不仅仅是经济和国防的崛起。

要实现文化上的崛起，不仅要学习别人的文化，也需要让别人了解我们的文化，需要输出我们的文化。所以，我们的教育必须是面向世界的教育。否则，我们的大学生如何具有全球视野，又如何在全球化的背景下，提高自身的竞争力？现在有很多外国人到中国来学习，那么大学，尤其是中国的一流大学，如何具有全球影响力？我们和世界有没有共同语言？这个共同语言是什么？这个语言，不是指中文或是英文，而是关于价值观的问题。我们如何能够和其他民族、国家进行有效的价值观沟通？这些问题都值得我们深深思考。从教育的手段来说，现在的世界一流大学，有很多措施值得我们借鉴。

教育，也应当是面向未来的教育。

长期以来，教育基本上是面向现在，对过去强调得不够，所以我们失去了很多的记忆。

对于我们的民族和国家，我们不仅仅要有对辉煌历史的记忆，也不能遗忘过去的苦痛的记忆。当然，我们的教育最应该面向的是未来，这一点我们做得还很不够。

梁启超在《少年中国说》里写过这样一段话，现在读起来依然振聋发聩。他说："惟思既往也，故生留恋心；惟思将来也，故生希望心。惟留恋也，故保守；惟希望也，故进取。惟保守也，故永旧；惟进取也，故日新。惟思既往也，事事皆其所已经者，故惟知照例；惟思将来也，事事皆其所未经者，故常敢破格。"这是何等的豪气！大学教育真的是要让大学生常常地思考将来，我们做得并不好。

梁启超还说:"使举国之少年而果为少年也,则吾中国为未来之国,其进步未可量也。使举国之少年而亦为老大也,则吾中国为过去之国,其澌亡可翘足而待也。""制出将来之少年中国者,则中国少年之责任也。"

我们的国家,应该成为"未来之国";我们的大学生,应该"果为少年也"。这是我们教育的责任。

最高层次的教育是什么?

教育让学生自由发展,显然不是指对人的原始与野性的放任,而是在教化之后的更高层次的一种觉悟。要达到这一境界,显然要依赖教育。所以我认为教育的问题,乃至教育的最高目的,是让学生自由发展。

马克思在《共产党宣言》里说:"每个人的自由发展是一切人自由发展的条件。"他又说:"一个种的全部特性,种的类特性就在于生命活动的性质,人的类特性恰恰就是自由自觉的活动。"

过去很长一段时间里,我们何时想过人的自由发展?我们甚至不敢谈论自由发展这个话题。但我想,把马克思请出来是可以的。马克思所说的共产主义社会实际上追求一切人的自由发展,但前提是每个人的自由发展。虽然马克思不是在谈教育,但是这话对教育的启示很大。

要使人自由发展,教育的责任很大,甚至是最根本的因素。当然,教育让学生自由发展,显然不是指对人的原始与野性的放任,而是在教化之后的更高层次的一种觉悟。要达到这一境界，显然要依赖教育。所以我认为教育的问题，乃至教育的最高目的，是让学生自由发展。

一位华中科技大学毕业的校友曾跟我说这些年悟到最深刻的一点就是——"教育就是应该让学生成为他自己"。实际上，这就是让学生自由发展。每个大学生能够更好地成为其自己，也就是能够自由自觉地活动，或者说自由地发展。

毛泽东在谈"必然王国"和"自由王国"的关系时，曾指出："人类的历史，就是一个不断地从必然王国向自由王国发展的历史。应理解为，经反复实践能动地逐步认识自然界和人类社会必然性规律并正确改造世界。"

《建国以来毛泽东文稿》有这样几句话："从建设社会主义这个未被认识的必然王国，到逐步地克服盲目性、认识客观规律，从而获得自由，在认识上出现一个飞跃，到达自由王国。""自由是对必然的认识和对客观世界的改造。只有在认识必然的基础上，人们才有自由的活动。这是自由和必然的辩证规律。""人对客观世界的认识，由必然王国到自由王国的飞跃，要有一个过程。"《十年总结》中又说："自由是必然的认识和世界的改造。由必然王国到自由王国的飞跃，是在一个长期认识过程中逐步地完成的。"

综上所述，我们可以知道，人对客观世界的认识，由"必然王国"到"自由王国"的飞跃要有一个过程。认识的更高的境界是什么？就是自由王国。当到达一个更高境界时，就是自由自觉地活动。

对教育者和被教育者而言，我们是不是都应该思考，如何自觉地进行这种从"必然王国"到"自由王国"的飞跃？我们如何才能有自由自觉的活动？

前面提到一些我们党和国家在不同历史时期对教育工作的不同提法，那些提法应该是基本的要求，而不是最高的要求。我们的教育停留在那个层次上是不够的。最高层次的教育，就是让学生自由发展，通俗些，就是让学生成为他自己。

德国著名学者和政治家洪堡写过这样一段话："人的（真正）目的，或曰由永恒不变的理性指令所规定而非变幻不定的喜好所提示的目的，乃是令其能力得到最充分而又最协调的发展，使之成为一个完整而一贯的整体。""每个人必须不断努力向其趋近，尤其是那些意欲教化其同胞的人必须一直关注的目标，就是能力与发展的个性化。"为此必须具备两个条件："一是自由，二是千差万别的环境。""自由"这个话题，值得教育者和受教育者认真思考。

具体一点，要使学生自由发展，大学应该把学生培养成"更有鲜明个性、更具创新精神、更具创造力、更有活力的社会主义建设者"。

假如教育氛围不够自由，教育目标和宗旨没有让学生自由发展的意识，我们又如何培养有个性、有创造力、有活力的人呢？首先，我们当然需要学生热爱国家，拥护社会主义，这是最基本的要求。再进一步，希望大家有文化，德智体美全面发展，也是比较基本的要求。更进一步，希望大家有创造力，但更高层次的要求，应该是让学生自由发展。

学生应有怎样的意识？

"发现自我"并非以自我为中心，并非摒弃教育，也并非在大学教育中追求绝对的自由，而是应当以某种自觉意识，思考"我的心灵如何能够更好地对教育开放"，以弥补大学教育存在的不足，这种主动的意识，会造就不一样的结果。

要让学生自由发展，我们的学生应该具有什么样的意识？

首先，学生应该要有强烈的意识，要认识到在大学中怎样真正成为"我自己"。从深层次上讲，应该从哲学上去认识生存与价值。

对大学生而言，你们是未来的知识分子，应该有更高的精神追求，应该追问，我们到底该有怎样的生存价值？人的存在意义是什么？

从教育活动中，学生又如何更好地发现自我？"发现自我"并非以自我为中心，并非摒弃教育，也并非在大学教育中追求绝对的自由，因为在世界上并没有绝对的自由。

同学们应该思考，自己的心灵如何对教育开放？我们学生应当以某种自觉意识，思考心灵如何能够更好地对教育开放，以弥补大学教育存在的不足，这种主动的意识，会造就不一样的结果。

其次，学生应当学习与实践。

一些心理学家说，人的绝大部分潜能，都未能真正开发出来。美国心理学家詹姆斯认为，一个正常且健康的人，只运用了其能力的10%，其余90%都尚未开发，而另一位心理学家玛格丽特·里德认为仅有6%，还有一位心理学家奥拓则估计只占4%。

我觉得，这个具体的百分比并不重要，重要的是大家要明白，自身的潜能大部分并未开发，很多事情其实你能做到。然而，很多学生往往没有这方面的意识，假如想使自己自由发展，你应该有主动学习和主动实践的意识。

就拿学工程的人讲，我们的实践是什么？实践的对象、方法、目标等关键要素，都不是学生制定的，学生虽然在实践，但实际上仅仅局限于教师给定的框架里。

这种实践，我称为"被动实践"，它的意义是很有限的。学生应该有主动实践的习惯，即使是老师布置的实践任务，也要尽可能融入自己的思想，至于课外实践，那就更加需要。现在大学生的课外科技创新活动很多，而这都是主动学习、主动实践的机会。

国外的大学，无论是专业实践课程，还是基础课程，他们的学生总会把主动实践的理念和精神贯穿于很多环节中，在这个过程中，学生的创造力得到了发挥，这是学生创造力一个很好的表现机会。

自由发展需要培养"宏思维"。自由发展需要博学和交叉，那我们又如何去适应博学和交叉？我把不同学科之间学生在一起的交流交叉，叫作"活"的交叉；修读其他专业的课程，称之为"死"的交叉，当然这种交叉并非无用，它是有利于大工程观的。现在很多问题，都是多学科的事情，遗憾的是我们国家培养出来的具有大工程观的人太少了。

要让学生自由发展，大学生更应该有意识地培养自己的宏思维能力。宏思维并不是一种专业技术知识，而是强调培养学生宽阔的视野，去关注人类和社会的重大问题，具有系统观察和思考问题的能力等等。它体现了我们的宇宙观，也体现了方法论。具有宏思维能力的人，比较容易具有宏伟的目标。同时，宏思维也是情商的一部分，要关注人类社会发展的重大问题，除了能源问题、环境问题等等，还有一些，比如科技发展的趋势。

关于宏思维我举一个例子，是关于"第六次科技革命"的。中科院中国现代化研究中心的一位研究员写过一篇文章，中心思想是希望中国政府提前布局，不要在第六次科技革命中掉队。这是一篇很严肃的文章，这个主题思想我认为是非常正确的。在一部分科学家心目中，第六次科技革命的标志性事件是什么？不妨略举几例：一是信息转换器，人脑与电脑的直接信息转换，这将引发学习和教育的革命。这还不稀奇，更稀奇的是两性智能机器人，满足人的性生活需要。还有体外子宫，免除女性的生殖痛苦。然而我在想，这些是不是我们人类真正需要的？人类的求知欲是无限的，总会不断去探求那些神秘的事物，但同时我们也需要思考，人类无尽的求知欲又要将我们带往何方？在科技日新月异的时代，有时候我们需要放慢脚步想一想，到底我们需要什么。很多问题，无论是我们的人文社会科学工作者，还是科技工作者都需要严肃地思考。

自由发展，也需要人文情怀。大学生想要自由发展，需要好的人文情怀，要按天地人之道，知识分子要从更高的层次上理解教育理解人的存在价值，就应该有更高层次的精神追求。

宏思维实际上是人文情怀的体现，我们每一个人都是社会中的人，都应该去关注社会中的重大问题，应该有社会责任感。当然，美学美感也是人文情怀的一部分。

此外，要使自己有自由的发展，学生的"自教育"也非常重要，不能光依赖教育者的教育，同学之间的互相学习也非常重要。

自由发展的一个必要条件在于独立思考和自由表达。我们要让独立思考成为一种习惯，这不光是在学校中我们的专业学习所需要，在平时，我们从电视、新闻、报纸杂志等渠道看到一些信息，也应当独立思考。你其实都要问一下自己，让它成为一种习惯。

当然，独立思考的前提是善于观察。不留心者，谈什么独立思考？当然，这两者是互相联系与统一的，独立思考者也会善于观察，正是由于思考得很多，便会更加留心观察社会中的各种事物。

还有，学生应当自由表达。在专业知识的学习中，不能局限于教师的课堂教育，更需要自由地表达。专业上的自由表达相对容易，而其他方面的自由表达需要学生不断地观察与思考。

教师应有怎样的意识？

教育者若将学生当作生产线上的产品或零件，那十分简单，教师讲什么，学生接受什么。但是，若将每个学生当作不同个体，以学生为中心，挖掘学生的潜能，把每个学生培养成具有鲜明个性的、真正的人才，这才是值得倡导的，也是相当困难并极具挑战性的。

对教师而言，要让学生自由发展，需要从根基上、从人的意义上认识高等教育。

作为教师，即使来自理工科等专业，也要有很好的人文情怀，能够从深层次上、从人的存在的意义、从生存的哲学上，去认识教育，这才是真正的以人为本。

我们常说以学生为本，这意味着我们要思考如何更好地帮助学生自由地发展，如何帮助他们更好地进入那个自由、自觉的活动境界。

作为教师，该怎样真正地对学生的心灵开放？教育改革是长期以来众多教师不断经历的过程，然而，我们是在一个过度"有我"的境界中谈论改革。教师过度"有我"，就意味着忘记了学生，凭借自己的想象在谋划着教育改革。所以我认为，教育者要更多地在"无我"的境界中去思考，强调以学生为中心的教育。

"无我"并非教师无所作为，相反是一种更高层次的、更有责任心的做法。它的本质是真正的以学生为本，意味着需要教育者让业界人士和学生也参与到教育改革的进程中。以学生为中心的教育，核心就是让学生自由发展，这对教育者而言尤其重要。

对教师而言，如何挖掘学生的潜能，那是更大的挑战。过去以教师为中心，现在以学生为中心，教师的责任并未减少，反而责任更大，挑战更大。

所以我认为，真正以学生为中心，让学生自由发展，教师应该有真正的人文情怀与人本思想。以学生为中心的教育活动中，学生是主体，教师是主导。这个主导作用也很重要，它不是包揽包办，怎么导很关键。正如前面提到，教育应该面向人、面向世界、面向未来！

（2012年6月10日在浙江大学求是大讲堂的演讲）

心灵自由

[主持人] 心灵之约讲座在华中科技大学已经成为与人文讲座、科学精神与实践讲座三足鼎立的讲座。三者相得益彰、相互支撑，是共同促进华中大学子全面发展、健康成长的重要途径。在中国人的字典中，100象征着不平凡，象征着圆满，也象征着新的开始。在心灵之约讲座第100期这个特殊的里程碑上，我们非常荣幸地请到了大家仰慕已久的偶像——根叔。今天，他将一如既往地以智慧、幽默、真诚的大家风范，带领我们扫清心中的迷茫，使我们的心灵在开放、交流、淬炼中变得自由、美丽。现在，让我们以热烈的掌声欢迎李培根校长带给我们第100期心灵之约讲座，分享他独特的心灵感悟和人生智慧。

同学们，晚上好！非常高兴能跟大家相约在"心灵之约"。前不久一位同学给我发邮件，希望我能到"心灵之约"跟大家聊聊，当时我就欣然接受了。我也需要在跟同学们聊的过程中得到一些启发。今天，我先做一个发言，发言的题目是"心灵自由"。

从去年以来，整个中国都在谈论中国梦，世界也在谈论中国梦。那么，具体到每一个中国人来讲，我的梦是什么，你的梦是什么？我相信很多人都在想这个问题。说到中国梦，希望国家实现现代化，实现民族复兴、中国崛起，是我们大家关于这个国家共同的梦想。但是，国家的现代化，其实需要人的现代化。很多有识之士提到这个观点，我认为这是对的。国家的现代化不仅仅是经济的现代化和国防的现代化，很重要的一点其实是人的现代化。我们的教育应该在"使人变得现代化"这方面扮演一个重要的角色。要使自己变得现代化，我们应该怎么样做呢？

人的现代化中有诸多因素，但最重要的是自由意识，这是我的观点。

大家从媒体上常看到学者谈论，温家宝同志也反复谈道，大学应该有独立之精神、自由之表达，这是从大学的精神层面来讲。我经常思考一个问题，教育的宗旨到底是什么呢？多年来，党中央的教育方针是促进德智体全面发展，做有觉悟有文化的劳动者，成为合格的社会主义接班人。但是，这算不算是最高目的？我认为还应有更高的目的，因为这只是起码的要求。那么更高的目的是什么呢？就是让学生自由发展。

自由这个东西，大家听到的很多，谈论的很多。卢梭说过："人生而自由，却无往不在枷锁之中。"所以接下来的第一个话题会是"心灵羁绊"，第二个话题是"心灵役使"，第三个是"心灵自由"，最后是"自由的困惑"。

心灵羁绊

大家想想，是不是在不自觉中会感到心灵被羁绊？比如说教育本身对我们来说可能就是一种心灵羁绊，尤其是应试教育，特别是在中学阶段。同学们一定感受得到应试教育对自己的束缚，但又不得不去适应它，绝大多数学生很难逃避应试教育。我们到了大学，情况可能会比中学阶段好点，但仍会受到大学教育的羁绊。我想目前中国所有大学，包括重点大学，华中科技大学也不例外，我们的教育，从某种程度上讲其实是以教师为中心的教育，换句话说，我们的教师总是不自觉地把学生当成是教育生产线上的产品。大家想想，如果你只是教育生产线上的一个零件，你怎么可能会心灵自由，又怎么可能不受到教育流水线的羁绊？说夸张点就是工具意义上的教育。

我有一个观点，我们应该从人的意义上去理解教育，我写过这样的文章，也做过这方面的讲座。从工具意义上讲，如果我们只是强调将学生培养成工具，那就值得思考了。我的意思并不是说工具是完全没有意义的，只是工具不应该是我们教育的最高目的。就像前面说的，我们要把大家培养成社会主义接班人，这是对的。但教育的最高目的是让学生自由发展，而工具意义上的教育，就一定会有更多的心灵羁绊。

在大学，同学们的心灵还会受到传统的羁绊，中小学都是如此。中国是历史悠久的国家，我们有灿烂的文化，但在这个辉煌的文化里，有好的传统，也有一些会束缚我们的传统。比如大家在启蒙的时候，虽然不读《三字经》，但《三字经》的影响还在。《三字经》里面提到：扬名声，显父母，光于前，裕于后。大家的读书只是为了光宗耀祖和荣华富贵。还有平时的俗语："书中自有黄金屋，书中自有颜如玉。"这些都渗透在我们的传统文化里，成为我们的习惯性思维，同学们自然也会受到它们的影响。我们再往前看，孔老夫子讲"非礼勿视、非礼勿听、非礼勿言、非礼勿动"，中国的礼文化对人的束缚其实也很大。

今天当然没有封建时代的那种"礼"，但在现代社会中是否有另外某种形式的"礼"束缚着我们呢？比如物质的束缚。现在的同学会不自觉地受到金钱方面的束缚。比如最近有一个学生和他的家长到办公室找我。这位同学大一曾是班长，后来当过学生会的干部，但现在面临着退学的困境，我很吃惊当过班长和学生会干部的人怎么会沦落到这个地步？他家里的条件并不是很差，父母虽然只是普通教师，但也算是体面的工作，可他觉得自己家境不是太好。想到日后结婚可能要面临的房子车子问题，于是就认为现在要有"经济头脑"，也因此把很多精力放在了思考怎么赚钱这方面。他的确赚了一点钱，但代价是多门挂科，面临退学。他的家长跟我说他是个很不错的孩子，希望我作为校长能够"网开一面"。当然我承认他是个不错的孩子，否则曾经怎么会做班长和学生会干部呢？可是我不能违反校规。我给他指了两条路：如果想继续读书，可以重新参加高考，同等条件优先录取，而且此前的学分照算；或者效仿比尔·盖茨和乔布斯，他们大学都没有毕业但却是事业辉煌的成功者。可是这位同学的心理显然没有达到盖茨和乔布斯的那种状态。我讲这个例子，就是为了告诉大家，对于金钱物质，尤其是在学生时代，不能看得太重，不能受它们的束缚，因为这会影响到今后的发展。

我们的心灵经常受到的羁绊还有选择的苦恼，其实质就是选择太多。随着国家经济的发展、人民生活水平的提高，公民自由度比以前大大增加，人们的选择也越来越多。回忆我人生最快乐的时光，恰恰是我没有选择的时候，也就是在我上山下乡当知青的时候。无奈没有选择的同时，也是我最享受的快乐时光。当然，我这句话的意思并非是想要大家都经历那段没有选择的时光，而是想表达如果我们面临的选择太多的确会造成很大的苦恼。比如你脑海中想着考研，但又在考虑本科毕业后找个好单位，早点拿薪水减轻家里负担也很好，同时你又可能在纠结其实出国也不错等等。表面上看，有这么多的道路放在面前，你占据着极大的主动权，可事实上这时你是不快乐的。那么，为什么众多的选择却使我们苦恼呢？我认为症结在于个人过多地计较得失，想追求的东西太多。乔布斯曾经说过一句话：在我们的人生面临各种选择的时候，应该追随自己的心。当你计较个人得失的时候，你会纠结苦恼，相反若放开对得失的计较，看轻利益，追随自己的心灵，你会感到意外的轻松与愉悦。这种凭着感觉的状态有利于自己做出更好的选择，也就没有那么多的苦恼。

当今世界十分精彩，但往往有时候虚拟世界更精彩，它以一种无形却又强大的力量束缚着我们。在现实生活中，有极少数同学被网络给困住了。计算机网络和互联网技术作为20世纪最伟大的科学技术之一，毫无疑问，我们应该充分了解和利用，但不是盲目地沉迷。大概同学们都能够看到，你们身边也一定有沉迷于网络的人。我觉得同学们一方面要警惕自己沉迷于网络，另外一方面在看到有同学沉迷于网络的时候，也要及时帮助他们，把他们的心灵从网络的羁绊中拉出来。

心灵役使

第二个大问题，我讲心灵役使。我们的心灵是容易被役使的。首先，我们的心灵容易被权力役使。权力是我们社会所需要的，社会如果没有权力就会混乱。但是，就像习近平总书记所讲，权力应该关进制度的笼子里，如果权力不关进笼子里，就很容易羁绊人的心灵。我们想一想，在某一特别时期，道德等东西在权力面前真的是不堪一击。这个我深有体会，"文化大革命"期间，权力没有被关进笼子里，许多知识分子，甚至是很有名的大知识分子，在权力面前人格扭曲，而一般老百姓更不用说，他们的心灵也会被权力所役使。当然，我希望也相信，这样的日子会一去不复返。

同时，心灵也很容易被宗教或意识形态的东西所役使。世界上现有的几大宗教，比如基督教、伊斯兰教、佛教等，它们都提倡人心向善。但却有极少数人心灵被役使，比如某些打着宗教幌子的恐怖分子，心灵被宗教役使。不是说宗教本身不好，而是他们没有能够正确地理解他们所信仰的宗教，心灵被役使而出现不同程度的状况。还有一种心灵被役使的情况就是斯德哥尔摩综合征。1973年8月，在瑞典斯德哥尔摩两个匪徒抢劫银行，劫持了四个职员，和警察僵持了六天。可是后来这四个人在法庭审判的时候都拒绝指控匪徒，其中一个女士甚至爱上了其中一个匪徒，最后他们在他服刑期间订婚了。社会学家分析发现，实际上在很多场合，从集中营的囚犯、战俘、受虐妇女与乱伦的受害者，都可能发生斯德哥尔摩综合征体验。这实际是心灵被役使被支配的结果。我经历过"文革"，有些人的倾向也表现出斯德哥尔征症。他们的亲人可能在"文革"期间受到迫害，可是被解救之后竟觉得这已经给了他们很多恩惠，好像也就忘记了"文革"的问题。这实际上还是心灵被役使的情况。

我们的心灵被役使的另一方面表现在关系上。现在连外国人都不得不把中国的"关系"变成他们的外来语"guanxi"。的确，生活在社会之中每个人都逃脱不了人与人之间的关系。现在社会上出现的一些情况，坦率地讲，我现在六十多岁，前六十年我从来没有听说过。比如路上有老人摔倒，你做好事把他扶起来，可老人却反咬你一口。今天社会怎么会有这样的事情呢？而且不是一起两起。不用我仔细分析评论，大家可以体会到我们的社会互信程度降到何等低的位置。一个社会如此缺乏互信，是太糟糕了！而且越是在这种时候我们的心灵越容易被役使。当某种情况发生的时候，良心告诉你应该做一点好事，但是马上另外一个声音会告诉你，做好事可能很可怕，会有什么样什么样的后果。所以如果社会不能互信，我们的心灵，哪怕是善良的心灵，都有可能被役使。

当然，在中国社会，人与人之间的关系还存在一个问题，那就是适当的人际距离。什么意思？我比较过中国和西方人际关系的差别，中西人与人之间的平均距离大概是相等的。但不同的是中国社会中亲人朋友之间的距离太近，陌生人之间的距离又太远。或者说在我们中国社会，距离近会失去原则。比如说朋友找你办一件什么事情，本来这件事情是不能办的，但因为是朋友，就给他办了，这种距离近就不符合原则。而我们在人际关系中的距离远，又不符合我们的道德良心。比如说看到陌生人危难之时不伸出援手，这也是一个问题。所以，这些东西都会使我们的心灵受到某种程度的羁绊和役使。

心灵自由

第三个话题，我讲心灵自由。自由的含义是比较多的。西方启蒙运动的时候，自由、平等是他们一个基本的诉求和主张。那个时候，伏尔泰、康德、卢梭、洛克等这些思想家，都强调自由，康德还特别强调了启蒙运动的自由和理性。应该说，启蒙运动对西方社会的发展，尤其是资本主义的发展起了很大的推动作用，甚至我认为，启蒙运动对西方现代化也起了很大的作用。而且实际上，我们今天信奉的马克思主义也受到启蒙运动和自由的影响。之所以在这里提到马克思，是要特别地告诉大家，马克思主义里面有些很精髓的东西，可能我们很多人都忘记了。马克思在《共产党宣言》里讲："每个人的自由发展是一切人自由发展的条件。"所以说，马克思强调的不仅是自由发展，而且是个人的自由发展。我认为这是马克思主义里面很精髓的东西。然而长期以来，大家好像都不自觉地认为自由是资产阶级的东西，其实不是。马克思还讲："一个种的全部特性、种的类特性就在于生命活动的性质，而人的类特性恰恰就是自由自觉的活动。"可见，马克思非常强调自由。

在中国的传统文化里，自由长期以来的确没有受到重视，可能一直到今天都没有根本改变。严复有一句话："夫自由一言，真中国历古圣贤之所深畏，而从未尝立以为教者也。"这句话的意思就是说，中国自古以来的圣贤们，都害怕"自由"这个词，我们从来没有把自由作为教育的一部份。严复的话是事实，封建统治阶级不会讲自由。但我觉得严复的话只是基本正确，有一点是需要质疑的。孔老夫子讲："古之学者为己，今之学者为人。"孔子主张为己之学，大家不要理解为自私之学，不是这个意思，这实际上有点类似于我们现在的自由发展，就是成为更好的自己。这个学，不是为了达到别人的什么目的，不是为别人而学，应该是为己之学。我认为孔子的这个思想闪耀着人性的光辉，它里面有自由的意思，至少有那么一点，但是我估计，后来历代的封建统治阶级没有学习这些。中国历朝历代，虽说提倡儒学，但并不是儒家所讲的就一定提倡,最典型的是明朝。比如孟子有"民贵君轻"的思想,就是"民为本,社稷次之,君为轻"。孟子的这个思想是对的,但是明朝却把这个删掉了。可见,孔子"为己之学"的光辉思想,在几千年的社会实践中并没有很好地传承下来。

自由是什么

自由首先是一种权利,是我们每一个人都应该有的权利。伏尔泰主张天赋人权,认为人生来就是自由和平等的。关于自由的权利,他有一句很著名的话是:我不同意你说的每一个字,但我誓死捍卫你说话的权利。

自由是一种生活方式,我们应该把自由看成是我们理所当然享有的生活方式和生活习惯。只有这种生活方式下,社会才有可能成为和谐社会。

自由也是一种人生态度,人生在世应该有对自由的不断追求。当然,更关键的是,人生是一种境界。关于自由发展,毛泽东曾有过从必然王国到自由王国的论述。其实,人的一生,应该是一个不断地追求从必然王国到自由王国的过程。这是一种很高的人生境界。

自由是一种人格,一个有健全人格的人是自由的,不仅自己享有自由,还非常尊重别人的自由。

我还认为,自由是一种符合自然、符合规律性的状态。比如庄子讲过,天地与我并生,万物与我为一。天地万物,物我一也。大家想一想,真到这种境界,人是很自由的,天人合一,物我一也。在这种意识上,也是符合自然的、符合规律性的状态。

恩格斯说:"我们统治自然界,决不能像征服者统治异民族那样,绝不同于站在自然界以外的某一个人,相反,我们连同肉、血和脑都是属于自然界并存在于其中的;我们对自然界的全部支配力量就是我们比其他一切生物强,能够认识和正确运用自然规律。"大家想一想,恩格斯说的这种状态,其实是一种很自由的状态。人和自然,人本身属于自然界,是自然界的一部分,当两者处于很和谐的状态时,就是自由的。所以,自由是一种符合自然规律的状态。

另外,自由是一种发展方式。我们每一个同学都希望自己有很好的发展,但是我告诉同学们,自由就是一种发展方式,就像是马克思所讲的———自由发展。前面提到,我认为教育的最高目的就是让学生自由发展。怎么自由发展?以后有机会我可以和大家专门讨论这个问题。但不管怎么讲,自由发展包括个人的与社会的部分,自由发展本身就是一种符合规律的东西,符合规律才是自由发展,一切不符合规律的就不是自由发展。我们社会的自由发展,就应该是符合社会规律的发展。比如这次三中全会,党中央很英明,尽量减少政府对市场的干预,让市场去说话,我认为中央在这一点上做得很好。这就是一种社会式的自由发展。反之,如果政府过度干预一些不符合经济发展规律和生态规律的东西,就不是自由发展。

当然,个人也同样有自由发展,它实际是自身一种更和谐的发展。我强调自由是马克思主义,因为很长时间以来,可能存在误解,认为自由是资产阶级的,那是不对的。

"自由是人民争来的。"这是毛泽东的话。

最后我还想说,自由是无价的。匈牙利著名诗人裴多菲说过:"生命诚可贵,爱情价更高。若为自由故,两者皆可抛。"

说了自由是什么,我再想提醒大家:自由不是什么。

自由不是资产阶级的,前面已说明马克思关于自由的态度,不再重复。

自由不是放任。从来也永远不会有绝对的自由,对自由正确的认识一定是尊重他人及社会的自由。

"自由是人民争来的,不是什么人恩赐的。"我希望大家记住毛泽东的这句话。请大家要有从必然转化到自由的自觉。为什么自由状态是一种更好的发展方式呢?毛泽东有专门关于从必然王国到自由王国的论述。心灵被役使的时候,你处于一种受约束的必然状态,而更高级的阶段就应该是自由状态。比如说在学习中,同学们要善于从必然状态转化到自由状态。有些课你不喜欢,在必然状态下学习,但是如果你善于转化,能够意识到这些课的知识会形成你今后的能力,尽管它们在以后的工作和生活中可能不会被直接用到,但对能力的锻炼是有好处的。明白这一点,你就会真正喜欢学习,效果自然会更好。所以,同学们在学习过程中一定要记住我的话,将必然转化为自由。

另外,我说一下自由的途径、条件和手段。首先是心灵开放。心灵开放我在开学典礼上谈到过,对自己开放、对他人开放、对教育开放、对社会开放以及对未来开放。

知识是必不可少的。同学们可能有疑问,有些没有文化的人过得也挺自由,我们现在有文化了,面对这么多书反而觉得不自由。大家会有这个疑惑,但实际上这个理解是错的。没有文化,我们的心灵必然会被很多东西约束,那种自由是一种假性自由,其实是不自由。要想自由,本身一定需要理性,这个理性没有相应的支持,就很难做到。康德非常重视这个理性。启蒙运动强调自由和理性,而理性需要知识,既然需要知识,就说明我们需要不断的学习。在大学里,学习是最基本的东西,是千万不能忘记的,也是你们日后能否自由的先决条件。

再一个,自由需要我们经常观察。社会方方面面的现象,需要我们留心去观察。生活中、工作学习中,与同伴相处的时候,旅游的时候等等,什么时候都别忘了不断地观察。因为观察、体会和感悟是实现心灵自由的必要条件。你悟到更多的东西,你的心灵就会更自由,而善于观察恰恰是感悟的前提。

还有,我认为自由和自觉这两者是相互促进的。心灵自由可以使我们更自觉地去学习,自觉地去做一些事情。我们更自觉,我们的心灵也就更自由,这两者是相辅相成的。我希望同学们注意学习中的自由发展,我们抽象地谈自由意义不是很大,它一定要和我们的学习生活结合起来。那么在学习中,我们该怎么样自由发展呢?其实,讲起来也很简单。我们要主动学习,主动思考,不能完全随着老师教的去转,老师教什么就学什么。即使是老师教的东西,也要去思考,尽可能提出疑问。

此外，还要强调主动实践。我写过一篇文章《主动实践——创新能力培养的关键》。大学生，尤其是工科学生其实并不缺少实践，但我们的实践环节往往是被动的，这对我们创新能力的培养没有好处，如果我们愿意主动地去实践，才有利于我们学习中的自由发展。我相信很多同学在创新团队里，应该就有这样的体会。还有，我提倡要自由发展，主张同学们培养自己的宏思维能力。我也写过一篇文章叫做《论专业教育中的宏思维能力培养》。如果从大的范围去思考问题，将整体联系起来，那你的思想本身就容易自由，这也使我们的心灵更加自由。同时，我们也要关注人类发展的重大问题，比尔·盖茨就倡导这一点。实际上，这都有利于我们今后自身的发展。

再说说自由的抵达，我从大家自身而言谈自由的抵达。心灵自由可以帮助我们抵达事业发展的高峰，这个大家容易理解，因为自由本身就是一种更加和谐的境界，更符合发展规律的状态。再者，我认为也很重要的就是自身和谐，这些年我们党也一直强调构建和谐社会。可以说，要达到自身和谐一定要心灵自由。我认为这两者是差不多的，我们强调的心灵自由是可以使我们达到自身和谐的状态，自身和谐了才有可能发展得更好。大家应该可以体会到，一个人自身不和谐，很可能经常处于抱怨、怨天尤人的状态。看到的社会不是黑色的就是灰色的，而不是五彩缤纷的。实际上应该说社会本来就是五彩缤纷的，黑的也有，灰的也有，但美好也大大的有。

如何实现自身和谐，传统文化里面有一些好的东西是值得我们去学习的，比如中庸、中和。尽管中庸的思想也有某种消极因素，但在很多情况下它还是有积极意义的，尤其是对我们的自身和谐。比如中和思想，"中也者，天下之大本也；和也者，天下之达道也"。这些其实都是很好的思想。

再有，心灵的自由可以使我们抵达人格的高度，这个也很重要。心灵不自由，可能无助于我们人格的养成。一个人在社会中要真正发展好，真正成为对社会有大用的人，没有健全的人格是不行的。然后，心灵自由能真正地使我们抵达我们自己。我说让学生自由发展，让学生自由发展的含义是什么？是我们能够更好地成为自己。对于我们每一个同学来讲，怎么能够成为更好的自己，大家要注意，这是非常重要的。

自由的困惑

最后一个话题，我讲自由的困惑。第一个困惑就是自由地被役使。这句话听起来就很矛盾，但这是不是一种自由？我们举例看，前面提到的恐怖分子，他们的心灵是被役使的，但我们不得不承认有些恐怖分子真的是心甘情愿的，他们可以以生命的代价去进行恐怖活动。但你说他们是不是自由呢？大家要明白，不是说只要是心甘情愿，就是心灵自由。我们讲的心灵自由，它实际上是什么？一定是理性的，一定是符合自然规律或者社会规律的，一定是体现社会或者自然和谐的东西。违背了这些东西，那就不应该是自由的。实际上，那些人的心灵是受控或者是被役使的，尽管他们心甘情愿。我们不需要那种失去理性的自由,那不是真正的自由。我又提到"理性"这个词,在这里不妨把康德的那句话说给大家听听。康德讲:"这一启蒙运动除了自由而外并不需要任何别的东西,而且还确乎是一切可以称之为自由的东西之中最无害的东西,那就是在一切事情上都独有公开运用自己理性的自由。"可见康德非常强调理性,所以前面讲的那种形式的心甘情愿不叫真正的自由,那是缺乏理性的。

再一个,有的同学或许会讲,我自己跟自己在一起的时候最自由。这句话好像也有道理。当你一个人的时候,比如说我一个人坐在家里的时候,就可以脚朝天;我在办公室里头,跟别人说话可不能这样。但我们不能老是跟自己在一起,人一定是社会中的人,所以说到自由大家别忘了:离开社会的自由是没有意义的,那也无所谓自由不自由了。自由这个词本身只能是在社会中才有的。

还有,有的同学可能觉得学校或者社会有太多限制,怎么自由?的确,学校是有很多限制,我也承认这一点。从某种意义上讲,人从一出生到这个社会开始,就已经处于一种不自由的状态,绝对的自由其实就是人来到这个社会之前和离开这个社会之后,所以人总是会陷入某种不自由的状态中。说到这一点,再谈谈学校。的的确确,学校对学生会有很多束缚,但是我想聪明的学生一定会在束缚状态下尽可能自由地学习、发展,并且能够把必然转化为自由。当然,我承认这一点:真正对于天才而言,世界上任何一所大学对他都是桎梏。哪怕是什么哈佛、MIT之类的名校，对于乔布斯和比尔·盖茨等人来说，都是束缚。所以，世界上不可能存在一所大学对我们完全没有束缚。

再有一点，同学们可能会想，讲了这么久的自由，我们什么时候才能够达到自由的状态呢？刚刚还说绝对的自由需要离开社会之后。我想大家要明白一点，我们讲心灵自由，实际上是一个不断完善我们的人格、不断追求真善美的过程。我们使自己心灵自由的过程，就是完善自己人格和追求真善美的过程，而这个过程是一生的。心灵自由应该是一个毕生的过程。大家可能会觉得既然是一生的，那时间还长，我现在就可以不去追求了。但是你现在不去追求心灵自由，对自己没有任何好处，因为你的未来只能会有更多的不自由。

在这里，不妨把孔老夫子的话讲给大家听。孔老夫子说："吾十有五而志于学，三十而立，四十而不惑，五十而知天命，六十而耳顺，七十而从心所欲不逾矩。"这里的描述，孔夫子从"志于学"开始，"立"、"不惑"、"知天命"、"耳顺"到"从心所欲"、"不逾矩"，这就是一个不断追求心灵自由的过程。所以在中国传统文化里，"自由"并不是不涉及，只是后来统治者抛弃了这一点。这么说来，大家就知道我们追求心灵自由的过程是长久的，也是艰辛的。那我们为什么要这样？其实就是为了找回你们自己！

（2013年11月24日第100期心灵之约讲座）

人的现代化与教育

同学们：

晚上好！今天和大家谈谈人的现代化。

关于人的现代化，教育应该做什么，我们怎样才能拥有现代化的意识呢？从去年开始，不仅是中国，全世界都在关注中国梦。很久以前我们就想着实现中华民族的伟大复兴，实现现代化。国家现代化的标志是什么？有些学者认为是经济领域的工业化、政治领域的民主化、社会领域的市场化，而这个市场化自然和经济有关。是否还包括国防现代化，尤其是像我们这样的大国。为什么有些学者没有将国防现代化作为国家现代化的一个标志？因为一些小的国家，不大致力于国防现代化，但是不能讲他们不现代化。比如一些欧洲小国家，还有新加坡等，他们也致力于现代化，但并不重视国防，因为国家太小。还有一个很重要的标志是什么呢？就是价值观领域理性化。当然，这些在经济领域、政治领域、社会领域、价值观领域实际上是相互影响而不是孤立的。所以，不仅仅是这些领域的现代化，还包括它们之间的互动、相互促进的过程。还有一个很重要的标志是什么呢？跟所有这些都关联着的，就是人的现代化。下面我从五个方面来讲。

国家现代化需要人的现代化

首先,国家的现代化需要人的现代化。美国有一位社会学家叫英格尔斯,他20世纪60年代写了一本书,叫《人的现代化》。这本书有中译本,是80年代出的。大家看一看他的两段话。"在整个国家向现代化发展的进程中,人是一个基本因素。一个国家,只有当它的人民是现代的,它的国民从心理和行为上都转变为现代的人格,它的现代政治、经济和文化管理机构中的工作人员都获得了某种与现代化发展相适应的现代性,这样的国家才可真正称之为现代化的国家。否则,高速稳定的经济发展和有效的管理,都不会实现。即使经济开始起色,也不会持续长久。"他还讲:"一个国家可以从国外引进作为现代化最显著标志的科学技术,移植先进国家卓有成效的工业管理方法、政府机构形式、教育制度以至全部的课程内容。但那些完善的现代制度以及伴随而来的指导大纲、管理守则,本身是一些空的躯壳。如果一个国家的人民缺乏一种能赋予这些制度以真实生命力的广泛的现代心理基础,如果执行和运用这些现代制度的人,自身还没有从心理、思想、态度和行为方式上都经历一个向现代化的转变,失败和畸形发展的悲剧结局是不可避免的。再完美的现代制度和管理方式,再先进的技术工艺,也会在一群传统人的手中变成废纸一堆。"

这些话说得也许有点极端,但多少还是有些道理。同样,还有一些话是值得大家思考的。"一个国家要强大起来,需要的是全体公民的驯良和俯首听命,还是要求他们积极主动地参与国家政治经济活动？如果国家的领导人为的是自己一家一姓或一个阶层永享权力，当然无疑是希望国民鸦雀无声地顺从领导者的意志。但在发展中国家，尤其是那些渴望推进、实现现代化的国家和政府，正在制定和贯彻加快社会制度和经济制度改革的政策，要求他的全体国民同心协力实现这种变革。在这种情况下，对发展中国家政府构成障碍和危险的不是具有改革倾向的现代人，而恰恰是那些固守传统、对社会改革采取敌视和抗拒态度的人。"英格尔斯的这些话，我不敢说全都是对的，但至少是有很多合理的成分。所以，一个国家的现代化实际上也是一种文明的体现，这里面包括科技文明、科技水平，包括工业化程度，包括国家的治理方式。这自然少不了人，因为只有现代化的人，才使我们有相应的科学技术水平，相应的工业化发展、国家治理方式。以英格尔斯为代表的这些社会学家觉得国家的现代化进程一定需要有现代化意识的人。

人的思维、心理、行动方式、习惯还有态度都和现代化有关系。值得注意的是，欧美的现代化水平高，但并不意味着现代化就是西方化，这点我们一定要有清晰的观念，所以我们也不能只是在西方的语境下谈论人的现代化。另外，国家的现代化需要人的现代化，但并不是要等到人的现代化才能进行国家的现代化。比如中国还没有完全实现人的现代化，但我国已经在现代化进程中走了很长的路。还有一点，我们要防止和避免现代化进程的中断，而人的现代化有利于防止国家现代化进程的中断。长远来讲，现代化进程一经开始，就不可逆转。但这个认识只能从长远去看，在某一个时期，现代化的中断是完全有可能的，就是说一个国家由于某种原因完全有可能出现现代化进程的中断。当然，历史的潮流终将是不可阻挡的，现代化进程终将不可逆转。问题的关键在于能否产生建立和维持现代化进程与社会稳定之间的调适关系。我们国家正在致力于现代化，中央非常强调稳定，现代化建设一定要社会稳定，但现代化的各种制度机制同样重要。怎么去建立和维持现代化与稳定之间的调适关系，也是一件不太容易的事情。建立和维持两者之间的调适关系涉及很多因素，人的现代化是重要因素之一。

关于人的现代化，有一点要注意，不能仅仅寄希望于伟人来实现国家的现代化。伟人的作用是巨大的，但仅仅有伟人是不够的。最近学者杨恒均有一篇文章叫《光有曼德拉和甘地是不够的》。曼德拉刚刚去世，和很多人一样，我也认为曼德拉是20世纪世界最伟大的政治人物之一。在欧美很多国家，人们几乎记不住帮国家或地区和平转型的英雄的名字。蒋经国和金大中，虽然对各自的现代化进程发挥了极为重要的作用，却无法望甘地和曼德拉之项背。但是韩国和台湾发展得很好，至少比印度和南非发展得好。所以，不能仅仅寄希望于伟人。印度可能在人的现代化这方面做得不够。比如在今天的印度，种姓制度依然存在，说明这个社会缺乏平等，社会存在问题。所以，务必要将自由、民主、平等的价值观念深入人心，让民主政治促进社会和谐。

总而言之，国家的现代化需要人的现代化，如果我们在现代化的进程中漠视人的现代化，轻则导致现代化进程不顺利，重则导致现代化进程的中断。一个国家怎样实现人的现代化，怎样提高老百姓的平均素质，教育自然要起到关键作用，而且教育理所当然地对人的现代化有着重要的责任。对于大学来讲，更重要的是应该要有实现人的现代化的责任与自觉。

人的现代化要素

接下来讲一下人的现代化要素。英格尔斯在20世纪60年代先后出版了一些探讨个人现代化的著作，他谈到现代人的十二个特征：准备和乐于接受他未经历过的新的生活经验、新的思想观念、新的行为方式，准备接受社会的改革和变化等等。我觉得，计划、相互了解、尊重、自尊以及了解生产与过程等这些东西显得太普通、太琐细，还可以举出比这些更重要的因素。归纳起来主要是三个方面：首先是开放性，乐于接受新事物；其次是自主性、进取心和创造性；最后就是信任感，能够正确地对待自己和他人。人的现代化主要内涵还是人的观念和思想方式的现代化，包括法权人格的现代化，思维方式、行为方式和生活方式的现代化。

韦伯被公认为是现代化领域的重要奠基人之一。他认为现代化的核心，或者说最能够体现现代化的指标，是理性化。他认为16世纪以来，全球日益推进的现代化运动，是一场西方式的社会理性化运动。他似乎是受康德的影响，康德非常强调理性化。启蒙运动时期，康德认为最关键的就是理性，所以有人认为启蒙运动最重要的思想就是理性主义。韦伯讲的这种现代化，我觉得有点像我前面提到的，是在西方的语境中谈论现代化。把现代化运动看成是一场西方式的社会理性化运动，这显然是西方语境。当然，我也认为理性是很重要的，但是可能不像韦伯说得那么重要。附带说一下，韦伯讲西方理性主义，或者说是新教的理性主义，是"入世而不属世"。相比较而言，儒教的理性主义，是"入世而属世"。也就是说，西方理性主义与现实世界保持高度紧张的对抗和征服关系，对现实世界是一种理性的征服。简单讲，西方的理性主义始终保持对现实的批判。儒教的理性主义是以实现现实世界和谐发展为目标，它对现实世界是一种理性的适应。这个说法很有道理。我们能够感觉到中国社会的儒家文化对社会批判比较少，它更强调对现实世界的适应。我认为我们应该将两者结合起来，折中一下。光是对现实的理性适应显然不够，还应该有一定的批判；但若只是批判也有问题，因为它也需要对现实世界的适应。

　　人的现代化要素前面说了很多，比如英格尔斯现代人的十二个特征以及后来韦伯讲的理性等等。那还有什么要素呢？我觉得很重要的一点就是人性的自觉。人存在的价值到底是什么？我们可以从生存哲学的高度去理解，进而理解人的权利与义务。科学理性很重要，虽然目前高等教育在中国已经比较普及，但即使在大学生中间也不能说科学理性已经深深植根于他们的头脑中。同时，引领精神也是需要的。美国人非常强调"leading"（引领），经常听到美国要在世界中"play a leading role"（起领导作用）。美国人很有引领精神和冒险精神，这点咱们东方人尤其是中国人跟西方人相比欠缺很多。全球化思维很重要，任何一个国家的现代化都不能离开全球的大环境。对于个人来讲，全球化思维同样重要。另外，对新技术的敏感、好奇程度我们也不如人家；还有信仰，实事求是地讲我们的确缺乏信仰。大家会问我们不是信仰马克思主义吗？但我们真正把马克思主义视为一种信仰的人还是少了一些。还有质疑和批判精神也是我们缺乏的，人的现代化需要它们。此外，还有健康的人际距离，行事的规则、秩序等等，这些我都不再去详细地说明。

国民性现状与问题

第三个话题，我结合人的现代化要素来说一说中国目前国民性现状和问题。应该说我们很多同胞的思想观念还不适应现代化进程。有一个尼日利亚人叫奥康内尔，他在一篇文章里说道：现代化是探索性和创造性思想态度的发展，它既是个人的思想态度，又是社会的思想态度。这实际上是在强调思想观念。大家注意，尼日利亚是非洲发展比较好的国家。他讲这个话的意思是说，探索性和创造性思维态度很重要。个人也好，社会也好，都需要探索性和创造性思维。印度致力于现代化许久，他们的文化中有种姓制度，老百姓听天由命，觉得一切都是命中注定的，这是一种很消极的思想，并不利于现代化进程。而探索性、创造性的思想态度才是一种积极的态度，才有利于现代化建设。

在当前中国的现代化进程中，我觉得很多民众、官员都存在思想观念不适应的情况。比如说，很多官员有这样一种思想态度：他们觉得老百姓的幸福是官员和政府给的，这其实是有问题的。记得汪洋同志说过，必须破除人民幸福是党和政府恩赐的错误认识。我们的民众也有很多思想观念的不适应，比如我们缺乏纳税人的意识。在西方国家，纳税人的意识很强，政府用一笔钱做一件什么事情，老百姓都会考虑是不是损害了纳税人的利益，因为绝大多数普通老百姓都在纳税。在我们国家，纳税人的意识还远远不够。民众有些权利，该要的咱们没要，比如纳税人的权利是老百姓应该要的，可我们缺乏这样的意识。但也存在不该要却乱要的现象，比如某些不讲法制的诉求，这种情况在我们国家不少见，这都是思想观念的问题。此外，我们缺少多元的思想和文化。伟大的文化总是在不断吸取、学习其他文化中有益成分而形成的。其实中国文化很伟大，过去就很善于学习，如佛教就是外来文化。历史上，我们也向北方民族、向"胡人"那里学习了很多东西。

今天的年轻人中既存在对强势文化的迷信，也存在对弱势文化歧视的现象。强势文化，如美国文化。咱们国家对西方文化，在社会上存在两种极端的态度：一种就是全盘西化，西方什么都好，这显然是不对的；还有一种，有一部分人认为西方阴谋论，把西方的什么东西都说成是阴谋。西方对中国有些可能是阴谋，但不是什么都是阴谋。咱们的社会还是需要更多地了解、包容多重思想和文化。

另外，谈到咱们的国民性，我们很欠缺科学精神。不仅是我们的普通老百姓欠缺科学精神，即便是在我们大学生中间，甚至在我们的教师中间，科学精神也不是那么强。尽管说这些年我们的大学，包括华中科技大学，科研能力都获得了突飞猛进的发展和提升，也令世界瞩目。但仔细想想，就科研来讲，多数研究者的动力何在？现在科研的功利驱动还是太多了，而功利驱动显然不是科学精神。为了名为了利而去搞研究，这本身就不是科学家的求是精神。科学精神里最最重要的就是求是。在其他领域，我们的求是精神更差。比如说在社会领域，我们的很多干部还不能够实事求是。要做到求是，是很不容易的。

还有我们的法制观念淡薄，最近的十八届三中全会有新的举措，在司法体制改革方面，我相信未来会有很大的突破。

诚信不足，这也是一个很大的问题。在中华民族的传统中，诚信是我们文化固有的东西，但遗憾的是，这么些年来，看看我们的社会，应该说诚信问题是相当大的问题。曾经有一个人问我，"你认为中国未来社会，最大的问题是什么？"我基本不假思索地讲："可能是诚信问题，制约着未来中国社会的发展。"

契约精神不够，和诚信有关系，和法制也有关系。我们商业活动中、社会生活中有很多不守约、不守规则的事情，实际上都是缺乏契约精神的表现。

我们社会中表现出来的某些人不守规则、不讲礼义也是不符合现代性的，都是缺乏文明的表现。南方周末 2006 年 9 月

28号有一篇文章叫《中国游客海外不文明的行为震动高层》，这种不文明的现象大概有很多。前几天我看到一幅照片，很难为情：在海外某公共场所的长椅上，若干中国游客鞋子脱了放在地上，屁股坐在靠背上，脚直接放在椅子上，有的人甚至还翘着腿。一排中国游客就这样占着长椅。这种景象实在不雅。现在中国有钱人实在太多，出国时总是可以看到不少中国人。前不久大概是在埃及，有中国孩子写了一个"到此一游"，后来国内还把那个人给人肉搜索出来。这些都是很小的事情，但是从这些很小的事情里体现的是什么？体现的是不文明。我们不能小看这些事情，也不能说这些事情对现代化一点影响也没有。因为有些人一看到这种情况就不愿意跟你做生意，也不愿意到你这里来投资，诸如此类。所以说，这样的事情对国家的发展肯定有影响，更不用说对个人的发展有影响了。以后你走上社会，一些小的地方不文明，别人瞧不起你，这难道不影响你的发展？

一方面，不得不说我们的民主意识不足。比如我们的乡村村官直选中，可能塞两包烟就可以拉到选票。老百姓认识不到民主是自己的一种权利。如果神圣权利甚至是两包烟或者一点钱就可以买去，显然是太缺乏民主意识了。

另外一方面，我认为在当今中国社会中民粹意识已成为一个问题，民粹的苗头已经比较严重地显露出来。最近我读到梁文道的一篇文章，里面的有些观点我还是比较赞同的。他认为："民粹主义最大的特点是结合了两头看似矛盾的极端，一方面是对'人民'和'基层'的无比推崇,另一面却又离不开绝对正确的教主和首领,两端之间是一条神妙而虚玄的红线。"即一方面民粹对基层民众采取绝对推崇态度,对其诉求绝对满足,但另外一方面又表明基层必须依赖服从于一个绝对的教主和首领。我认为梁文道的观点还是有道理的。上个星期我在中央党校学习讨论中也提到了民粹主义,它是我们中国社会未来需要提防和警惕的。

此外,我们缺乏协同意识。这点也令我感到十分奇怪,按常理来看,在我们强调集体主义的社会主义社会中,人与人之间的协同程度应该更好,而强调个人主义的资本主义社会中人与人之间的协同会更少,但现实恰恰不是这样。事实上,我国在人与人之间的协同方面明显不如西方国家,人与人之间存在着十分严重的戒备,这不利于协同。再者,机构与机构之间,比如说企业与企业之间,戒备心也相当厉害。当然,如果涉及企业自身的商业秘密也无可厚非,但很多时候并不是这样的。我看到过国内有企业买了国外的高档机器,都不让外单位的人看,其实那里没有他们自己的知识产权,显得非常小气。这说明了我们有些人的思想太不开放。

我们的竞争引领意识不强,而良性的竞争意识是现代社会非常需要的。在我们的文化中,总是让人不要冒头。"木秀于林,风必摧之",类似的话是人们很熟悉的。这其实不是好事,不利于社会发展。

某些显现人性之恶的现象时有发生。最近,类似"恶老太"故意摔倒碰瓷诈骗的事件不止一两起,这是很令人担忧的现象。虽说每个社会都有人性之恶,但是我们的人性之恶是不是多了点呢?有人说碰到这种事情你绝对不能把他扶起来,或者你要把他扶起来也要先拍拍照、拉拉证人等。我们的社会到这种程度真的是令人很寒心。

教育的责任与作用

下一个话题是教育的责任与作用。戴维·艾普特是美国著名的政治学、比较政治学学者,他说:"知识分子在现代化进程中能够发挥特殊作用,是因为他们最倾向于尊重自由的文化。知识分子是传统性和现代性之间的重要媒介。"他强调知识分子在现代化中的促进作用,而教育既是由知识分子担负起来的,也是培养知识分子的。在这里,我简单说一下犹太民族。在犹太史上有所谓的犹太启蒙运动,在历史上被称作"哈斯卡拉"(希伯来语,意思是"启蒙运动"),是18世纪中后期至19世纪在中欧及东欧犹太人中兴起的一场社会文化运动,一场规模广泛的理性主义运动。在犹太史上传统与现代性的关系成为他们的核心命题,犹太知识分子在犹太社会注入了启蒙思想,在哈斯卡拉过程中出现了犹太新阶层,这一新阶层又实践着新的思想和生活方式。犹太的哈斯卡拉运动证明了知识分子是现代化不可或缺的推动者。教育与知识分子肯定是分不开的,教育应该对人的现代化担当起责任。人的现代化涉及国民的整体素质,这就应该从小学甚至幼儿园抓起,比如培养一些好的习惯,还有公民意识教育,如公民的权利、义务、责任、公德等。这些学校强调得还不够,而公民意识在现代化进程中却又非常重要。

18世纪,狄德罗说过,"我是一个好公民,凡是和生活有关的一切对我都有很大的兴趣"。18世纪的时候"公民"是很激进的一个词,普通称呼应该叫什么?"臣民",相对皇帝而言。其实像狄德罗这样的启蒙思想家强调的就是公民意识,这对后来西方社会的发展起到了很大的推动作用。如果每个人都只关心自己的事情,那社会应该怎么办?公民教育还是需要的。

讲现代化,大学应该起什么样的作用?我想大学重在独立思想、自由表达,这是教育界很多人的共识。在大学应该有独立思想,这也是一种人文情怀。那么怎么培养学生好的人文情怀?前面我提到人的价值,对这些东西的认识都是人文情怀,批判性的思维也是人文情怀。华中科技大学对学生批判性思维的培养做得还是不错的,尤其是我们的启明学院,近两年一直在请一些学者专家,给学生讲批判性思维的课程。还有责任感,华中科技大学办学的基本价值观:育人为本,创新是魂,责任以行。这个责任,一方面指大学应当承载的社会责任,另外一方面就是强调大学生应该有强烈的社会责任感。没有社会责任感,个人以后的发展也会受到限制。一个有高度社会责任感的人,他自己也会受到社会各方面的尊重,当然他的机遇也会很多,所以他自己的个人发展也会很好。我前天到杭州,与一个企业老板聊了聊,我发现他们的企业很有责任感,展现的是新一代企业家现代性的一面,这点是不容易的。希望中国以后有越来越多有强烈责任感、有创新精神的企业家。

说到多元文化，这是我们的教育应该重视的。比如文明的多样性，胡锦涛同志2005年9月在联合国成立六十周年首脑会议上有一句话说得很好，"文明多样性是人类社会的基本特征，也是人类文明进步的重要动力"，我们的大学生更应该认识到这一点。讲到多元文化，日本真的很值得我们学习。我觉得我们要客观地看待日本，某些日本人，尤其是某些日本政客，他们歪曲侵略他国历史的行径是令人憎恶的。但日本这个民族有一些东西，真值得我们好好学习的。日本一方面追求现代文化，另一方面对一些传统文化也保留得很好，其中有一些还是来自其他国家的文化。比如日本的孔庙有14座，我不知道是不是比中国的还要多。孔子被视为日本国学思想的基础，中小学生至今还学习《论语》、《诗经》等。我估计我们对他们的这一面还并不了解。即使是现在，日本与我国在某些政治方面有对立，但对中国文化的很多东西没有采取抛弃的态度。越南以前使用汉字，后来却把它抛弃了，朝鲜也早就不使用汉字了。记得我在美国留学的时候，看到韩国同学拿的报纸就有很多汉字，可现在却没了。而日本至今还保留很多的汉字，他们始终没有丢弃中国文化，因为他们尊重多元文化。哪怕在政治上与中国对立，但它的文化之中，中国要素很多。

大学生的自教育

最后一个话题我讲一讲大学生的自教育。我认为在人的现代化这方面，自教育比学校教育更重要。这当然不是推卸学校的责任，是同学们自己要有这样的自觉，这应该成为你们自身的需要。如果你们还认为自己有理性的话，你应该要有现代化的自觉；如果你还想适应现代化的进程，你就要注重自身的现代化——思想、观念等方方面面的现代化。现代化观念很多，需要我们自己不断地去学习体悟，而且体悟应该是无时无处不在的：在你们的学习过程中，在你们的生活中，在校内、校外甚至家里，都应该常常去体悟。比如说现代人的习惯，这种事情不一定非要在校内，当然也可以在校外体悟。在现代化自觉方面涉及的东西太多了，我也不可能方方面面都给大家去谈。我个人觉得，有四个方面非常重要，这是我自己的一点体悟：第一个是融合传统与现代，第二个是全球化的眼光，第三个是现代人的素养，最后一个是善用现代之器。

首先要融合传统与现代。

这句话的意思包含两个方面，一个方面是我们在传统中可以找到很多现代化需要的因素，另一方面我们在适应现代化的过程中不能把传统都丢掉。还有，我前面也提到，别以为"现代化的即是西方的"，那是不对的。我再三地跟同学们强调，我们要有这样的文化自信。

梁启超有一句话，"能以今日新政，证合古经者为合格"。其实，现代性的很多东西我们都能在传统中找到。我随便举几个例子。孔子的"为己之学"，上一次讲座我也专门提到这个问题，孔子的"为己之学"实际上闪耀着人性的光辉，它里面有自由发展的思想。我们不应该是为别人学习。为了什么？是为了自己更好地成为人。这个与马克思的"自由发展"思想，不说一致，也多少有某种相通之处。如孟子的"民本"思想，还有"天人合一"的思想等等也是。"以人为本"是现代社会非常强调的。我们的传统文化里面，孟子主张"民为贵，社稷次之，君为轻"，此"民贵君轻"思想难道不是以人为本的思想吗？管仲讲，"夫霸王之所治也，以人为本。本治则国固，本乱则国危"，也强调以人为本。贾谊讲，"民无不以为本也。国以为本，君以为本，吏以为本"。所以，大家不要说在我们的传统中难以找到现代性的思想。找得到，上面都是很好的例证。

现代文明强调生态，今天我们讲绿色经济、讲循环经济和低碳经济，这很现代。但再看看我们的老祖宗，孟子言："不违农时，谷不可胜食也；数罟不入洿池，鱼鳖不可胜食也；斧斤以时入山林，材木不可胜用也。"意思就是，你不可滥捕、不可滥伐，这也是保护环境的主张。庄子讲，"天地与我并生，万物与我为一。天地万物，物我一也"。《礼记》里面讲，"故作大事，必顺天时，为朝夕必放于日月。为高必因丘陵，为下必因川泽"，也与生态文明有关。但遗憾的是，我们过去，尤其是改革开放前那几十年，是一种"与天斗其乐无穷，与地斗其乐无穷"的状态，过分地强调了对自然的改造，缺乏"生态文明"的思想，而老祖宗很多好的思想我们都忘记了。

融合传统与现代，需要保留那些与现代性并不冲突的东西。前面讲的"以人为本"、"天人合一"，不仅不冲突，而且和现代性还很一致。但另一方面，还有一些东西，虽然不很符合现代性，但是也并不冲突，我们也可以保留，比如说"礼"文化。有人认为，中国文化的核心，就是"礼"。从人的生活习惯、风俗、伦常到国家典制，都强调礼和秩序。"礼"文化中的确有一些消极的东西，尤其是维护封建统治的，但也有些东西是无害的甚至是有益的。如"和"、"君子和而不同，小人同而不和"，儒学强调"仁"，"樊迟问仁，子曰爱人"，"孝悌也者，其为仁之本也"。这些与现代化并不冲突，应该被保留下来。

我再举个很好的例子，是一个叫涩泽荣一的人，他在日本近代史上有很高的地位。有人认为他是"日本企业之父"、"日本企业创办之王"、"日本资本主义之父"、"日本产业经济的最高指导者"、"儒家资本主义的代表"等，足见其地位之高。他说过一句话："谋利和重视仁义道德只有并行不悖，才能使国家健全发展，个人也才能各行其所，发财致富。"他将成功之道归结为"《论语》和算盘"。真的很有意思，这两个东西恰恰是咱们中国的。涩泽荣一参与创办的企业组织超过500家，涉及银行、保险、铁路、矿山、机械等，还包括东京证券交易所。他把儒家精神与仿效欧美的经济伦理合为一体，所以我说他在融合传统与现代这方面是一个极好的典型。他曾经为了更好地了解西方工业社会而学习法语，他可以用法语和别人交流。他把工商看成是强国的大业，而我们国家的传统文化是重农轻商。《论语与算盘》是他写的一本书，他的成功经验是既讲精打细算，赚钱之术，又讲儒家的忠恕之道。他说："算盘要靠《论语》来拨动，同时《论语》也要靠算盘才能从事真正的致富活动。"他对传统和现代的融合值得我们学习。唯有一点，他在甲午中日战争时支持日本政府并筹措军费。

融合传统与现代，我们必然要提到忠恕与宽容。中国传统文化里面就有"己所不欲，勿施于人"、"己欲立而立人，己欲达而达人"等。现在想想刚刚去世的曼德拉，他真了不起，整个国际社会中不同种族、不同社会制度国家的人民和政治家都很尊重曼德拉。坐了27年牢出来却没有被狭隘的复仇心理驱使，很理性地面对过去和国家的未来，他的宽容对南非的发展起了巨大的作用。假如他处于复仇之中，那南非的整个社会肯定会撕裂，国家会受到很大的伤害，甚至是战乱。

第二个我认为很重要的就是全球化的眼光。

全球化对发展中国家是机遇，也是挑战。全球化给这个世界带来很多好处，如资金、产品、技术等资源在世界范围的市场优化配置，提供物美价廉的产品和服务；它促进世界大文化的发展，包括经济和科技领域等。全球化有利于世界大文化的产生，促进贸易投资的自由化，促进国际间的政治协调等，考虑到全球化的影响，霸权主义国家也不会为所欲为。当然全球化也会带来一些弊端，所以有一些学者反对全球化，但是我觉得反对也过于极端了。它的确可能加剧经济的不平衡，导致经济的不稳定；全球化的话语权以及一些经济运行规则可能有利于发达国家，发展中国家的生态环境容易受到影响，中国就是一个典型的例子。我们国家这些年发展很快，经济发展很重要的一个目标就是寻求出口。为了出口我们实际上成了国外发达国家的生产基地，环境也受到了很大影响，现实情况就是这样。但这也不是别人强迫的，这是你自愿的，我们拼命想出口，美国人总讲贸易逆差问题来攻击我们。哈维尔实际上就批判过全球化，大家知道，他当过捷克的总统。他有一篇文章提到："这个世界现在已陷入一个电讯的网络中，这个网络包含着数以百万计的'小丝线或毛细管'，它们不仅以迅雷不及掩耳的速度传递各种各样的资讯，而且还传递着一些一体化的社会、政治和经济行为模式。""在现代社会，这种全球文明出现在由欧洲文化、最终由欧美文化占领的土地上。……它还可以一种前所未有的方式使我们更容易在地球上生活，它向我们敞开了迄今尚未探知的地平线，即我们对于自己的认识和对于我们生活其中的世界的认识。"前面看起来是讲现代化的优越性，但作者马上讲"本质上这种新鲜单一的世界文明表皮仅仅覆盖或掩藏的众多的文化民族、宗教世界、历史传统，要把现代文明当成多样文化和多阶文明来理解，要把我们的注意力转移到人类文化尤其是我们自己的文化精神根源。要从根源吸取力量，勇敢而高尚地创造世界新秩序。"总而言之，哈维尔实际上看到了全球化的问题。我想简单地说，全球化要理性对待，一味地反对它，这是不理性的，它毕竟是大趋势。当然我们要看到全球化给我们国家可能带来的问题，并且要有清晰的认识。

想具有全球化眼光，我认为大家应该要有宏思维能力。关于宏思维我以前在启明学院讲过。简单地讲，我们要去关注人类社会的重大问题，不要整天就是自己那点事情。还有我们要从整体联系上去认识一些事物、认识世界，包括认识自己，认识自己的单位。比如说你以后有幸做一个单位的头，单位怎么发展，我们要从整体联系上看。从新的历史起点上，从世界的大格局上，我们应该怎样去看问题。假设你是一个企业的领导，就算是领导一个很小的企业，或者是某个企业里的单位、机构，你考虑发展、考虑问题也可站在世界的大格局的高度。仅从小的微观的方面去看是不行的，从大的方面去看问题，这样才有可能寻找到机遇。所以说有时候，或者说很多的时候，我们都需要一些大视野。哪怕你不是领导，就只是一个搞技术的，也可以想得长远一些，比如说人类社会现在面临的大问题，如环境问题、能源问题等。面对这些问题，以后社会的生产结构会发生什么变化，新能源将带来什么影响，这里面可以寻找什么样的机遇，这就涉及个人的发展。所以即使是个人的发展，也和世界的一些大问题联系起来了。还有责任、义务等也是宏思维的体现。

如何提高自己的国际竞争力？既然全球化是大趋势，同学们就要知道，以后的竞争力不仅仅是在湖北武汉这个地区，也不仅仅是在中国这个国家。即使是服务于中国的某一公司，这个公司未来还可能向国际发展，所以很多场合需要的是什么？需要你的国际竞争力。

第三个重要的方面，我认为是现代文明素养。

梁启超说："拿西洋文明来扩充我的文明，又拿我的文明去补充西洋的文明，将它化合起来成一种新的文明。"当然，梁启超在这里讲的文明是那种更大的、国家的文明。但个人的文明素养，我觉得也要有这种自觉意识。我前面讲的，融合传统与现代、中国与西方的东西，如何才能把它们融合得更好？如现代生态文明，也是现代文明素养的一部分，包括饮食文化。我们的同胞吃东西，有一些东西越是稀奇越要吃，缺乏一种保护意识，也是缺乏文明素养的表现。

关于政治文明，我们每一个人，不可能完全地脱离政治。实际上十八届三中全会，也在努力地向着政治文明不断地往前推进。比如说我们现在要减少政府对经济活动的干预。下一步，中国的司法体制，这中间有一些可能要进行改革，这其实也是政治文明。

还有现代文明素养中对个人权利的尊重，也是很重要的。有些东西比如说同性恋，我们年轻的时候是非常鄙视的，但慢慢地现在我们也能理解了。有些东西，不管你自己喜欢不喜欢，都要尊重别人的权利。

现代文明素养，很重要的一点是开放。开放这个话题简单提一下。不管是对过去还是对未来，我们都应该开放。既要记忆过去，更要面向未来。年轻人要以开放的心态看社会，现在有些大学生总是容易纠结一些事情，怨天尤人，有些同学老是对这对那看不惯。我建议这些同学，可以去看一看、背一背美国总统罗斯福非常精彩的一段话："荣耀并不属于吹毛求疵的人……荣耀属于那些真正置身于竞技场的人……属于那些不断犯错一次又一次失败的人……荣耀也属于那些懂得实干热情付出的人；属于那些埋头于伟大事业的人。"

今天下午我刚刚收到一位启明学院干部发来的邮件，大意是有些人包括某些重要的人对启明学院存在着看法。我在回复的邮件中就引用了刚刚说的那段话，用来共勉。启明学院肯定存在着这样或者那样的问题，多数人对启明学院的批评都是欢迎的。但是我们不必在乎某些吹毛求疵的人，他们认为启明学院办糟了。我们需要实干精神，并且在此过程中不怕走弯路。

年轻人需要有美感，善于去发现身边人、身边事的美。生活中到处都有美的存在，若缺乏美感，你的眼睛所看到的非黑即灰。事实上，大千世界中存在着很多很多美好的事物。虽然前面我说到我们的社会有很多人性之恶，但不能只看到这些，世界其实是多彩的。

现代文明素养另一个很重要的方面是"引领"，引领需要批判性思维。我们要有正确的竞争意识：公平竞争，尊重对手，要辩证地看待个人主义。不得不承认，个人主义对西方的发展起了很大的作用，但过分地强调个人主义显然是不对的，若只知道批判个人主义也有问题，这些是有前车之鉴的。在我们这一代年轻的时候，受到的是压抑个性的教育，整体上来讲这是不利于社会发展的，因为个人的潜力得不到充分地发挥，国家的发展就会受到影响。

"诚信，天道唯诚，人道之本。"孟子说："诚者，天之道也；思诚者，人之道也。"荀子说："夫诚者，君子之所守也，而政事之本也。"总而言之，"诚"在社会和谐中是非常重要的，而当今我们的社会在这方面的状况令人担忧。比如学术诚信、商业诚信，什么都需要诚信，近年来也发生了不少学术不端的例子。而关于商业诚信，上世纪80年代末期我看到一件事。那时我在从事与企业信息化有关的工作，搞企业管理的人知道"MRP"，意思是物料需求计划（"M"指"Material"，R指"Requirement"，P指"Planning"，后来"R"变成资源，也就是"Resource"）。有个外国公司的"MRP"系统想要在中国企业推行，有一家中国企业想购买他们的软件，但外国公司发现那个中国企业的某些条件还不具备，比如人的素养还不行，管理也不够完善，所以他们不卖给那家公司。中国的某些公司做生意只要能卖出去甚至靠忽悠都可以，但是那家外国公司是真正希望买家能够用好他们的产品，否则宁可不卖。仔细想一想，他们这是一种更高境界的诚信，而且这种诚信是更聪明的。为什么呢？其实他们替别人着想，如果把这个系统买回去可能发挥不了作用，就建议别买。这种诚信对买家、对自己的公司都是有利的，别人会对这个公司更加信任。所以说，有时候若从长远、从大局上去考虑，诚信的意义和价值就更大。这就是更高境界的诚信。

守规则讲礼义，这其实是影响现代化的。咱们国家办事不讲规则的情况太多，有人认为中国社会是熟人社会，熟人办事可以很灵活，不讲原则的事很多。从大范围讲，这滋生不公平，影响社会和谐。一些发达国家在这方面可比我们要文明。我讲一个小例子。我一个朋友，慕尼黑大学的副校长，她说过一句话："我所在的慕尼黑工大医学院的肝脏移植中心，在安排手术顺序时出现了优先照顾某些病人的现象，其主治医生尽管医术高明并对医学作出了巨大的贡献，但仍被当众撤职。"我真的很感慨，他只因为优先照顾了某几位病人的手术顺序而被撤职。大家想一想如果在咱们国家，这算得了什么事。我想大家听了这个多少会有一些感慨。还有，我觉得守规则讲礼义，不能以自己的方便破坏整体的方便，以自己的效率破坏整体的效率。这些事在我们社会上是很常见的，比如过马路闯红灯，虽然个人方便了，但却导致了整体的不方便。这都是缺乏现代性的表现。我们自己想一想，在大学生中间有没有这种类似的情况。还有，我们不能因为亲朋坏了规矩，在这方面我们做得还很不好，而西方国家比我们做得好很多。这些现象反映了个人的文明素养，对于国家来讲，也是一个民族整体精神面貌和文明程度的体现。

最后一方面，要善用现代之器。

现代有很多好的工具，大家要善于运用，要达到善用其实就是创新。互联网就是一个很好的例子，它不光是用于一般的通讯、联络，有创新精神的人也会用它做出很多有新意的东西。比如我们的校友张小龙创办的微信，就是利用网络进行了创新。马云，也是利用网络发展他的事业。3D打印技术，中美差异很大，这种差异不在技术本身，而是在怎么去利用3D打印技术上。美国人把3D打印技术与新的商业模式、与网络结合起来，非常有创意。他们很善于创立新的商业模式，整体而言，不得不承认他们的现代素养的确比我们高。另外，值得注意的是，我们不能做器的奴隶，比如沉溺网络，那就完全是善用现代之器的反面了。

总而言之，国家的现代化需要人的现代化。如果在现代化进程中漠视人的现代化，容易导致现代化进程的中断。政府要有致力于人的现代化建设的主动意识，教育起关键作用。对个人来讲，我们应该有适应现代化的自觉，要有全球化意识，要注意自己思想观念的改变，注意自身修养，提升现代文明意识，善用现代工具。

还有没有关键的？还有最重要的就是现代人格，有机会我们下次再讲。

（2013年12月18日心灵之约讲座）

闲话人格养成

同学们好!

刚开学,估计大家比较闲,因为今天来了这么多人。既然比较闲,那我就跟大家说几句闲话。今天的题目就是"闲话人格养成"。

人格教育的重要性

几乎古今中外的所有教育家,从苏格拉底、孔子到近代教育家,比如杜威,甚至科学家爱因斯坦,都非常强调道德教育,而这其中人格是最重要的。咱们看古训:"大学之道,在明明德,在亲民,在止于至善。"大家已经背得很熟了。杜威是美国实用主义教育家,他强调教育即"生活"、"生长"和"经验改造"。他讲"教育无目的论"的意思是,不要只把学生培养成专业人才,道德才是教育的最高和最终目的。苏格拉底认为"美德即知识",这是他的哲学和教育思想主题,要学生努力成为有德行的人。爱因斯坦是大科学家,非常强调伦理教育。他认为,"在我们的教育中,往往只是为着实用和实际的目的,过分强调单纯智育的态度,已经直接导致对伦理教育的损害。"

爱因斯坦还强调，青年人在离开学校时应是一个和谐的人，而不应该只是专家。做和谐的人，道德人格是非常重要的。

美国前总统罗斯福说："教育一个人的知性，而不培养其德性，就是为社会增添了一份危险。"大家体会这句话，如果一个人学了很多知识，但是德行不好，对社会的破坏是很大的。仔细想想是这样的，那些有知识而缺德的人，做出的事情会对社会产生很坏的影响。

我们看一看杨杏佛。他在民国也算是名士了。他1933年就去世了，当时只有40岁，很年轻。他有一篇文章《人格教育与大学》，我读了之后很感慨。他说："今日为国中祸乱之原者，不在不知有格之愚陋阶级，而在知有格而不能为人之知识阶级。"这是什么意思呢？他说今天咱们祸乱的根源，不在于那些没有文化的老百姓，而在于某些有知识有文化知道有格却不能很好为人的知识阶级。咱们当代的大学生以后不能成为那样的人，说道理都懂，但又不能为之，这样国家就没有希望。杨杏佛看得很清楚，所以他说，"故欲挽狂澜正风俗，当自大学有人格教育始"，就是说大学要有人格教育。上面这段话说的是当年民国时候，但现在我们是不是也同样能问一问今日之大学校长、教授何如？"野心者奔走权门，藉教育为政治之工具，自好者苟全性命，以学校为逐世之山林，本无作育之心，何能收感化之效？"不知道诸位同学看到这些是不是也想问一问咱们今天的大学校长、教授？当然，我也是其中一员。

几种常见的恶

看看社会中几种常见的"恶",有些是历史上给人们留下痛楚记忆的,有些是你们能感受到的。

一种是"平庸之恶"。"平庸之恶"表现在很多方面,比如说冷漠、麻木。当前在我们的国民之中,可能包括我们大学生,冷漠、麻木,是不是存在?在社会上我们常常看到的一些现象,大家也能感觉到世风日下。还有的人消极处世,一方面我们能看到社会上方方面面的问题,这样那样一些不好的现象,但我们不是积极、批判地去对待,甚至自己有时候也这样,这种现象在我们大学生中时有出现。年轻的这一代物质上的东西想得太多,比如享乐主义、消费至上或是消费主义。还有自私、没有责任感等。所以现在有些人讲"年轻人之恶",我不知道这个提法对不对,我在这里转述给同学们。在你们看来,我们现在年轻人中间是不是存在某种"年轻人之恶"?刘洪波提到所谓"沙粒化倾向"。他讲到青年,"真正社会和政治意义上的青年是什么?是与新文化、社会思潮、社会行动力、社会理想与抱负连在一起的群体。"换句话讲,青年应该崇尚新的文化、新的社会思潮,有行动力、有抱负、有理想。他认为这种群体是与初升之阳、朝气蓬勃的意象相连,与国运民瘼同在的群体。但他感慨现在年轻人不是与新文化、行动力、理想抱负等等联系在一起,"从此不再有青年问题,只有年轻人问题"。意思是什么?他认为现在没有真正意义上的、社会政治意义上的青年问题,只有年轻人的问题;不再有理想问题,只有谋生问题；不再有青年社会，只有青年消费等。我个人认为目前没有这么严重，我们的年轻人不至于都到这种地步了。我相信我们大多数人还是有理想、有抱负的。但是不管怎么讲，他所描述的这种现象是值得我们警惕的。也就是说，在我们青年中间，在我们大学生中间，至少有一部分人，可能还不是极少数的人缺乏理想抱负。

再有一种就是阿伦特所言的"平庸之恶"，这种恶就比较大了。汉娜·阿伦特是20世纪很著名的哲学家，是一个犹太人。她1933年被逮捕，后来逃往法国，又到美国。1961年，她在美国听说以色列政府派出特工从阿根廷秘密逮捕了纳粹战犯艾希曼，就向一个杂志《纽约客》请缨，希望深入报道这个审判。后来她在1962年发表了一份报告，就是《耶路撒冷的艾希曼：关于平庸之恶的报告》。艾希曼是二战时期臭名昭著的战犯，是党卫队的中校，清洗犹太种族的指挥者。据说在奥斯维辛集中营屠杀生产线每天要杀害12000人，到二战结束的时候有580万犹太人因此丧生。阿伦特说："艾希曼不是恶魔，也不是虐待狂。在他身上，体现出的是平庸之恶。这种恶是现代性的产物。现代社会的管理制度，将人变成复杂管理机器上的一个齿轮，人被非人化了。人们对权威采取服从的态度，用权威的判断代替对自己的判断，平庸到了丧失独立思想的能力，无法意识到自己行为的本质和意义。"阿伦特认为艾希曼不是恶魔，也不是虐待狂。我觉得这有点过于为他辩护，毕竟他杀害了那么多人。但艾希曼这种现象有很多，比如在我们国家"文化大革命"的时候,虽然没到屠杀的地步,但迫害事情却常有发生。我们年轻的学生可能不太了解"文革"那段历史,但我希望同学们在闲暇的时候能多关心关心"文革"那段历史。

说到"从众之恶","文革"时候就很普遍的,比如"破四旧",很多文物、文化古迹遭到破坏。再比如反日游行的时候,看到日本车就去砸。还有网络上从众的快意,讲极端的话,觉得很痛快。我有时在 BBS 上看到大家的议论,有少数毫无理性,更谈不上什么责任感。

还有一种恶是"工具之恶",具体分为两种不同情况。一种是心甘情愿地沦为别人的工具,比如在"文化大革命"时期,就有很多人心甘情愿地沦为某种工具。当然多数人是受蒙蔽,在誓死捍卫无产阶级革命和誓死捍卫伟大领袖毛主席的旗号下心甘情愿地沦为某种工具。还有一种是被迫地成为某种工具,是很无奈的。但不管是哪种情况,都没有独立人格。

我在这里举几个例子:1986 年,我国有三位著名人士发出了 40 多封关于《"反右运动历史学术讨论会"通知》的信,这三个人都当过右派,吃过不少苦头,所以想开一个关于"反右派"的研讨会。某一位著名的科学家(曾经是大右派)就收到了这封信,他把这封信交给了中央和当时的国家领导人,并附了自己的一段话:"×××是一个政治野心家,他自称是中国的瓦文萨;我的问题虽然没有完全解决,但与他们是不同的。"把这封信给了中央之后不久,他被增选为全国政协副主席。那位科学家是我从小就很敬仰的，但是他的这一行为让我觉得很不解。如果你不愿意参加这个研讨会，不管是因为不同意这个研讨会的观点，还是怕惹火烧身，你都可以丢掉这封邀请信，权当没收到，或者找个借口推掉，怎么可以去告密呢？

后来我查到"监视告密"这一现象在我国的历史上很早就存在了。据说我国第一个"告密者"是商纣王时代的崇侯虎，当时纣王任命西伯昌（即周文王姬昌）、九侯、鄂侯为三公。九侯的女儿被纣王纳入后宫，因"不喜淫乐"，被纣王杀害，九侯也被剁成肉酱。鄂侯争辩了几句也被做成肉干，西伯昌听说之后感叹了一声。"西伯昌闻之，窃叹。崇侯虎知之，以告纣，纣囚西伯羑里。"（《史记·殷本纪》）西伯昌的感叹并非当着纣王面，但是崇侯虎将此告诉了纣王，后来纣王就把西伯昌囚禁在羑里。这便是历史上有名的"文王被囚羑里"的故事。原本西伯昌在崇侯虎面前发出如此感叹，应该说这二人关系不错，可耻的是崇侯虎竟然告了密。

这样的事，"文化大革命"中有很多，我们的历次运动中都有这样的人。我衷心希望同学们可以多了解一下我们国家的历史，包括我们从"反右"到"文化大革命"。对这种历史不了解、没有记忆，对咱们国家没有好处。

工具之恶还表现在没有独立的人格，没有独立人格在很大程度上是基于一种利己人格。"批林批孔"时，很多大知识分子充满矛盾和焦虑，比如梁漱溟和另一位大学者，他们对孔子是充满敬意的。但是在1973年"批林批孔运动"开始后，那位学者在报纸上公开发文,由一贯的"尊孔"转变成"批孔",这在当时产生了很大影响。相反,梁漱溟始终不表态。我认为梁漱溟是很令人尊敬的。当然,我们不能苛求像那位学者那样的学者,因为他当时也承受着巨大的政治压力,但无论怎么讲,客观上,这种情况实际上是在行工具之恶。

当制度使某些人人格扭曲的时候,制度是主要原因,但是话说回来,还是跟自身的人格有关系。为什么梁漱溟就能做到?如果广大的知识分子都有独立人格,事情其实未必有那么可怕。我注意到一个现象,某种特定的时候,上面要如何如何,但是我发现很多文化名人有他们自己的独立思考,并不顺着杆子往上爬,也没有发生什么事情。希望以后不要出现这样的历史悲剧。

还有"损人利己之恶"。钱理群这句话大家应该都熟悉:"现在一些大学在培养'精致的利己主义者',他们高智商,世俗,老到,善于表演,懂得配合,更善于利用体制达到自己的目的。这种人一旦掌握权力,比一般的贪官污吏危害更大。"我们身边也有这样的现象,比如说占座。我在食堂看见有东西在桌子上面,但是那个位置半天都空着。我们仔细想想,其实这也是损人利己的事情。食堂的座位、教室的座位,你把东西搁在那里实际上就是降低了使用率,浪费学校的公共资源。还有就是类似于告密、谄媚、谗言之类的,我不知道同学们之中有没有这种现象。尤其是对于思想观念、意识形态等问题,如果你对一个同学不满意,直接跟他讲,用正确的方式,当面批评。如果不提醒他，却在领导那里告发，我不提倡这种行为。

另外一种是"痞子之恶"。比如，一位年轻人摸了别人的宠物狗一下，就被狗的主人逼得下跪；酒吧里一个人看了另外一个人一眼，被打成重伤。

还有"人格分裂之恶"。清华大学一位学生把硫酸泼到狗熊身上；长沙某高校的学生与班上两名女生发生恋情，造成感情纠葛，后来把其中一个女生杀害，并且碎尸、抛尸。

接下来说说"滥用权力之恶"。如某县建设局局长，竟因家中的一块瓷砖被农民损坏而串通交警部门对其开出一张巨额罚单。大家耳熟能详的薄熙来和王立军也是滥用权力的典型。我们一位校友是某公司董事长，他们公司是目前中国生产安防产品的最大公司，当年重庆政府就用他们的安防设备。他告诉我，在为重庆公安局安装设备时，某一天正好碰到王立军，由于安装噪音，几位工人遭到训斥与责骂，当时安装人员争辩解释了几句，就被强行带走。最后，在公司高层斡旋后，几名工作人员才得以释放。由此我们可以看出，王立军等人竟因这点小事而滥用职权侵犯其他公民的自由。由薄熙来事件可以很容易联想到"文化大革命"，更严重的恶就是"专制之恶"，那可是大恶。

当今社会的恶我们或许已经亲身经历，历史上的恶我们也有所耳闻，那么我们需要思考：有一些恶在法律上是难以惩治的，但我们该怎么去避免这各种各样的恶？如何避免平庸带来的恶？又怎么去避免我们自己可能存在的人格上的"平庸"？大学生都应该去思考。如果我们绝大多数老百姓都有健康的人格，那么实际上也不容易形成专制的土壤。反之，我们的国民中，如果很多人都有着不健康的人格，那么在这样的土壤上也很容易形成专制。所以，我们所有人都有一份责任，人格的重要性是毋庸置疑的。

现代人格的主要成分

现代人格的主要成分，大家可能有所了解，比如心理学把人格划分得很细，而我今天讲我们大学生主要需要的三个方面：法权人格、政治人格与君子人格。

法权人格，核心就是人的基本权力，人生而平等。我们要理解与尊重人的生存权，从西方启蒙时代开始那些思想家就在追求自由、平等，马克思也强调自由、基本的人权、人的尊严。

今后你们一部分人可能从政，即使不从政，但是对从政的人要要求他们具有什么样的政治人格。说到政治人格我想拿一个人作为例子——去年去世的曼德拉，我发自内心敬重这位伟人。在南非的土著中，他算是出身高贵的。他坐了27年的牢，一般的人，哪怕是很有才华的人，坐27年牢后出来，都很难想象会变成什么样子。但是曼德拉坐牢27年，他坚强的意志一直支撑着他，真的令人佩服。他请求监狱为他在院子里开辟一块小菜园，并且坚持锻炼，做俯卧撑等。这还是次要的，更令人钦佩的是他出狱之后，说过这么一段话："当我走出囚室迈向通往自由的监狱大门时，我已经清楚自己若不能把痛苦和怨恨留在身后，那么我其实仍在狱中。"他很清醒，就是一定要把痛苦和怨恨留在身后。他说："压迫者和被压迫者一样需要获得解放，夺走别人自由的人是仇恨的囚徒，他被偏见和短视的铁栅囚禁着。"

政治人格中很重要的一点是"尊重少数人的权利"。曼德拉说："我为反对白人统治进行了斗争，我也为反对黑人统治进行了斗争，我怀有一个界定民主与自由社会的美好理想，在这样的社会里，所有的人都和睦相处，有着平等的机会。"这也是一种以人为本的思想。政治人格中以人为本是非常重要的。两千多年前，管仲就讲过："夫霸王之所始也，以人为本。本治则国固，本乱则国危。"

另外，政治人格中非常重要的一点是理性，然而现实却恰恰有许多非理性的事。"大跃进"的时候，我读小学，虽然很小，但那个时候我已经能看到很多非理性的事情。农村把家里的锅什么的都砸掉去炼钢铁，然后讲我们炼出了多少钢多少铁，太荒唐了。"文化大革命"，那更是非理性。非理性就很可怕。我们讲甘地、曼德拉等，这都是理性的代表。理性就会有民主，会有宽容。当然政治人格的理性还会影响到社会，理性当然会符合社会和自然规律，也会有利于竞争发展，这也是社会和谐的象征之一。

还有一方面的政治人格是忍让。邓小平是忍让方面一个很好的例子。曼德拉的忍耐是另外一种，我觉得他是很理性的。还有韩信忍胯下之辱、勾践卧薪尝胆，这都是历史上著名的故事。当然，咱们中国传统文化里有一种忍耐，我不太提倡。举个例子，武则天时候，宰相娄师德的弟弟要去做官，娄师德就问他：你要去为官，是不是准备好了？他弟弟说：我准备好了。他说：你怎么准备好了呢？娄师德的弟弟就讲：别人要是往我脸上吐唾沫，我只是把唾沫一擦，不去跟他一般见识。娄师德说：这还不行，你不要擦，就让那个唾沫自己干掉。这就有点太过了。

政治人格还需要大气。曼德拉很大气，这种大气是政治家非常宝贵的一种品质。不说政治家，就是一般的领导，也要大气。我讲历史上一个显示大气的故事。吴越王战败的时候，宋朝皇帝赵匡胤的臣子就告诉他，吴越王是有谋反证据的。后来吴越王去觐见宋太祖，太祖很客气，还交给他一封信，说这封信现在不要打开，回家了再看。吴越王回府途中，打开一看，信上写的全是他谋反的证据，他自己心里很清楚，那讲的是事实，但是赵匡胤却礼遇他，没有杀他，他很感动。赵匡胤的宽宏大量就使得吴越王非常忠心。所以有时候，大气是很有用的。另外一个是李世民的例子。"玄武门之变"后有人向李世民告发魏徵，说魏徵以前参加过李密和窦建德的起义军，李窦失败之后，魏徵就成为了太子李建成的手下，并且他还劝李建成要杀掉秦王李世民。这样看魏徵显然是李世民的仇人。然而，后来李世民重用了魏徵，而且魏徵经常敢于直言。李世民讲:"魏徵往者实我所仇。"就是说过去魏徵的的确确是他的仇人,"但其尽心所事,有足嘉者。"怎么理解呢?就是他跟李建成的时候,为李建成尽心,这有值得称道的地方。李世民是这样理解的,魏徵每犯言劝谏,"不许我为非,我所以重之也"。而魏徵也说,"陛下导臣使言,臣所以敢言。"所以说下属敢不敢说实话,关键看领导。

第三个方面是君子人格。君子人格是中华传统文化所强调的,儒家很多地方都谈到了君子人格。君子人格最核心的就是"忠恕"思想,忠心为忠,如心为恕。"己所不欲,勿施于人"、"推己及人"等,我觉得这是传统文化中很光辉的地方。君子讲究仁,仁的本质是什么?"爱人"、"孝悌"、"克己复礼"。顺便说一下,学者们认为礼文化是中国文化的核心。古人强调做人要知耻,有羞恶之心。龚自珍说:"士皆知耻,则国家永无耻矣;士不知耻,为国之大耻。"前几年,胡锦涛讲"八荣八耻",如此普通的东西为什么仍然要总书记去讲呢?大家要理解这良苦用心。因为当今社会上,不知耻的人不在少数,尤其读书人更应该知耻,读书人都不知耻,是国之大耻。

君子人格讲诚信。但我们不得不承认,今天在诚信这方面我们与西方某些国家相比显得远远不足。并不是说西方什么都好,只是说我们在某些方面文明程度的确不如人家,诚信就是一个很重要的方面。我曾说影响中国未来社会发展的一个重要方面就是诚信,大家不要小看这件事情。很难想象,如果诚信缺失,中国能够崛起,能够成为工业化、创新型国家。

现代人格养成之关键

最后一个话题，我说一下现代人格养成的关键，或者说我们怎么去养成现代人格。我分别从下面几个方面去谈。

首先，要懂得人的意义。这涉及我们的价值取向是什么，我们自己的价值观是什么，我们还得尊重别人的价值，真正人的尊严在哪里？独立、自由本身就是人的尊严。当然，如果基本的生存都成为问题时，不会顾及什么独立自由。但大家想一想，我们仅仅吃得饱穿得暖就有尊严吗？不是的。懂得人的意义还得爱自己、爱别人。我看到澳大利亚一个重度残疾人尼克－沃尔齐克，他的事迹令人感动。他说他爱自己，他已经不再像小时候那样，总是想自己为何与别人不一样。他说："不要想自己没有的东西，多想想自己拥有的东西。""我不过是比别人少了一点身体的零件而已。"他活得非常有尊严、有价值。前年他到武汉做过讲座，现在他也算世界上一个有名的人。

对我们大学生来讲，要懂得人的意义，最好业余读一些书，比如说雅斯贝斯的《生存哲学》，从更深、更高的层次去理解人的意义、活着的意义。雅斯贝斯的《生存哲学》主要有三个部分：存在论、真理论和现实论。《生存哲学》关心人的精神生活和价值体验，比如分析什么是人的自由存在。这个自由存在很重要，哲学是以一种科学思维所无法达到的思维方式来把握自由存在，使人自由或者说使"我"回到自身。我在学校里讲以学生为中心的教育，目的是希望学生自由发展，让同学们更好的成为你自己。雅斯贝斯讲实现人的自由或者使"我"回到自身，那么生存的真理就是突破一切世俗的存在，发现"我"自身以及自由存在是什么。当然，哲学这个东西有时不是一说大家就能很明白，但我觉得你们有时间看看，哪怕似懂非懂，多少是有点好处的。人是有限的，但是要超越有限去达到无限；人是暂时的，但是又期待超越暂时去达到永恒。当然，人们在超越世俗世界的同时，又必须在世俗世界中才能实现自我。我们不可能完全脱离这个世俗世界，但是，你又要试图在相当程度上去超越世俗世界。我觉得只有这样，你才能去体验人活着的真正意义。

再一个话题呢，我讲一下人格与事业。这就不那么抽象，简单地说，就是我们在自己的事业当中去完善自己的人格，同时你也要以健康的人格去成就你的事业。我以一个例子来说明——日本人涩泽荣一，这个人是"日本近代工业之父"、"日本资本主义之父"，他在日本名气很大。1867年，他到法国参加巴黎世博会，感到西方列强与日本之间有强烈的反差，比如法国的政府官员与商人之间没有什么高低之分，他们的关系是很平等的。但是日本不一样，日本跟中国的传统文化有一点相似，日本幕府、官僚、武士与商人的社会地位天壤之别，商人见到幕府、官僚、武士无不点头哈腰。中国直到今天，很多做得很大的企业家见到官员也是点头哈腰的。涩泽荣一那时痛切地认识到，要想使日本兴盛起来，就必须打破官贵民贱的旧习，排除轻商贱商的思想。那么，他是怎样在事业中完善自己的人格呢？他有一本书叫《论语与算盘》，从中我们也可以看出日本文化深受中国文化的影响。他们也学《论语》，他说：

"算盘要靠《论语》来拨动,《论语》也要靠算盘才能从事真正的致富活动。因此可以说《论语》与算盘的关系是远在天边,近在咫尺。""缩小《论语》与算盘之间的距离是今天最紧要的任务。"我读到这些很有感触。《论语》里头很多东西是谈为人处事的,如仁、君子等。一个日本人把《论语》和他的事业结合起来,显然验证我开始讲的那句话。一个健全的人格可以帮助自己的事业变得辉煌,人也在事业中感悟并完善自己的人格,这就是事业与人格的关系。同学们毕业之后走向社会,你们无论是做学问,还是从商从政,都有这个问题。虽然涩泽荣一是讲《论语》和算盘,算盘代表商,但你做别的,做学问、从政也有类似的情况。要让健全人格成就事业,同时在做事业的过程中不断使自己的人格完善。

再说一个人——李嘉诚,他是我非常敬重的一个人。他创业初期的时候,资金非常少。他早期做的是塑料花生意,开始的时候,有一个外商要大量订货,需要有富商作担保,李嘉诚跑了几天,也没找到担保人,于是他以实相告。那个外商看他这么诚实,决定不必担保就和他签约。但李嘉诚说:"虽然先生你这么信任我,但我还是不能和你签约,因为我的资金真的有限。"外商听完后不仅和李嘉诚签了约还预付了贷款,帮他解决了流动资金的问题。这一笔生意为他奠定了后来发展的基础。李嘉诚的成就不是靠忽悠别人,而是靠真诚,这是人格的力量。

另外,我觉得人格养成很重要的一方面是要在独处中练就。大凡优秀的人都善于独处。一方面,同学们要善于与人相处，人是社会中的人，不可能不和人来往。我们要善于与人相处、与人协同、与人合作，但是每个人毕竟都有独处的时候，是否善于独处也很大程度上体现了一个人的素质。或者说你独处的时候可以干什么？当然独处的时候我们可以干很多事，比如说读一点书，这是很好的习惯。但是独处的时候，练就自己的人格更重要。孔子云，吾日三省吾身。反省自己的时候，总是在独处的时候。曼德拉说，尽管我是一个喜爱社交的人，但我更喜欢孤独，我希望自己左右自己，自己做计划思考。还有"四书五经"中的"慎独"一说，《大学》里说："小人闲居为不善，无所不至，见君子而厌然揜其不善而著其善。"意思是别人看不见的时候，有的人会做一些不好的事，而在人前则会隐藏他们不好的一面，这在某种意义上虽是人性使然，但绝非君子所为。真正的君子在独处的时候更要审视自己的人格。《中庸》里头有句话讲得很好："是故君子戒慎乎其所不睹，恐惧乎其所不闻，莫见乎隐，莫显乎微，故君子慎其独也。"就是告诫人们，别人看不到、听不到的时候，我们做事情都要谨慎、讲道德，所以独处的时候是考验自己道德的时候。另外，独处的时候，仔细思索更容易有自知之明。仔细想想，你会发现只有独处时才能够更好地认识自己。认识别人不难，难的是认识自己。曼德拉是有自知之明的，他当了两年总统之后，就辞去了"非国大"的主席，并宣布不再参加总统竞选。这在当时是令整个国际社会感到震惊的一件事。真有自知之明啊！

我认为人格应在现代科技发展中升华。为什么讲人格会扯到科技发展呢？我想还是有关系的。比方说，能源环境与人的生存关系，生态伦理也是现代人格的一部分。你虽然对雾霾没有什么办法，但是不等于说我们在生态伦理方面一点事都不能做。其实，每一个同学都可以做一点点事情，比方说：水，尽量节约一点；电，尽量节约一点；纸张，尽量节约一点。生态伦理应该成为每个公民人格的一部分。哪怕在宾馆中，我离开房间时一定会注意关灯，这是很小的事情。我不关灯不会多收我一分钱，关灯不会奖励我一分钱，但我绝不会因为得不到奖励就不关灯，我觉得这总有一点好处。我们都是普通人，做不了大事，小事还是可以做很多的。

还有科技中的以人为本，这方面东西太多了。我提到过比尔·盖茨搞的微软"创新杯"，就是资助世界大学生的科技创新活动。他强调大学生要关注人类社会发展中的重大问题，很多主题都是以人为本，他就把以人为本和科技创新活动联系起来了。所以，我觉得比尔·盖茨这样做也是现代人格的很好体现。

再一个，我希望大家关注一个问题，就是要对科技发展中的某些问题进行人文拷问。我最近在2013年12月16日的《中国科学报》看到一篇文章，主要讨论怎样把"智基因"和"勇基因"放在一个人身上让他成为智勇双全的人。生物学上有一个现象叫基因连锁，就是"智基因"和"勇基因"同在一个染色体上，并且很靠近，在精卵细胞分裂的时候，智勇两基因会同时存在于一条染色体上，并传给下一代。当人类对智勇基因很清楚，知道怎么把智勇基因放到一起，世界上智勇双全的人就多了，到那时，每一个国家的领袖都是哲学家加政治家。"英特纳雄耐尔"就一定会实现，世界和谐的理想国就一定会实现。这就是文化生物学的社会学意义。我不知道大家听到这个有什么感觉，我认为这似乎不是人类所需要的。当然我不懂生物学，但我相信，即使他讲的基因连锁在技术上都是可以实现的，但我显然不相信到那个时候"英特纳雄耐尔"就一定会实现，世界和谐的理想国就一定会实现。有这个可能吗？不可能的。所以说，我觉得对科技发展，尤其是生命科学发展，还包括人工智能等，就有很多东西值得我们进行人文拷问的。前面提到我们要懂得人的意义、活着的意义，那我问一个问题，某些科学家所描绘的世界是值得我们生存的吗？比如说女人不生孩子的世界，智勇基因什么的，同时还有理想国等等，我觉得那本身就是违反自然的。我们某些科学发展，它的意义到底何在？在这个世界上，我们讲人的意义、生存意义，生存在这样的世界上是不是有意义的？

当然，人格的养成，还有一个很重要的事情就是和别人的关系，我们要养成自己的现代人格，也要在与别人的关系中练就我们自己的人格。这个我今天就不讲了，下一次有机会再给你们讲"我与你"。

（2014年2月26日心灵之约讲座）

我 与 你

决定一个人发展的重要因素是情商，而情商主要表现在与他人的关系。人是不可能脱离他人而存在的，人总是要生活和工作在与他人的关系之中。下面我从四个方面讲。

忠恕

"忠恕"之道是儒家理论的核心，也是我们传统文化中的闪光点，我不妨先说一下外国人是怎么评价的。瑞士有个神学家和哲学家孔汉思，德国图宾根大学教授，他于1995年发起创立了"世界伦理基金会"。他说："只有回首反思自己令人钦佩的伦理传统，中国才能在未来国内外事务面临的种种艰巨任务中发挥更大的作用。"他还认为，中国伦理是世界伦理的基石，尤其是儒家伦理中的"仁"和"恕"。其中，"恕"更是成为了世界伦理的黄金法则。可以看出他对"忠恕"理论的评价非常之高。孔汉思还和库舍尔合编了一本《全球伦理——世界宗教议会宣言》，书中有这样一段话："数千年以来，人类的许多宗教和伦理传统都具有并一直维系着这样一条原则：己所不欲，勿施于人！或者换用肯定的措词，即：你希望人怎样对待你，你也要怎样待人！这应当在所有的生活领域中成为不可取消的和无条件的规则,不论是对家庭、社团、种族、国家和宗教,都是如此。"孔汉思是一位汉学家,精通汉语,所以他对中国文化的了解也非常深。由上面的例子可以看出,有些外国人把儒家的"忠恕"理论看得多么重要。

最早将"忠恕"联系起来的是曾子。孔子说自己的道是"一以贯之"的,那是什么"一以贯之"呢?曾子讲:"夫子之道,忠恕而已。"就是说,孔子之道,核心就是"忠恕"。《周礼·大司徒》里讲到:"中心为忠,如心为恕。"中心就是指要把自己的心放得很正,而如心呢?就是将心比心。"忠恕"理论是儒家处理人际关系的基本原则之一。《论语》里面还有这么一段话,子贡问曰:"有一言而可以终身行之者乎?"子曰:"其恕乎!己所不欲,勿施于人。"所以这就是为什么孔汉思讲"恕"更是伦理的黄金法则之故。另外,讲到仁,"夫仁者,己欲立而立人,己欲达而达人",这是"仁"的基本要求。宋朝的朱熹,也对"忠恕"作过一些解释。他认为:"尽己之谓忠,推己之谓恕。"而"忠恕"之道里,"恕"又是最基本的,有"恕"则能做到"己所不欲,勿施于人",才能"己欲立而立人,己欲达而达人"。

当然,也有人认为"忠恕"之道存在着实践困境。因为人们的欲望、愿望、情感、目标、理想等都不太一样,道德价值标准也呈现多元性的特点。如果不讲共同遵守的原则,仅根据自己的所欲判断是非,的确会有问题。明代儒者吕坤曾说:"好色者恕人之淫,好货者恕人之贪,好饮者恕人之醉,好安逸者恕人之惰慢，未尝不以己度人，未尝不视人犹己，而道之贼也，故行恕者不可以不审也。"这句话似乎是对忠恕之道的一种批判，但也不无道理。他意思是指：好色的人就会宽恕别人的淫欲，好财之人就会宽恕别人的贪欲。比如现在有些贪官，希望自己不受到惩罚，也希望其他贪者不要受到惩罚。常常有些人失去原则，以自己的喜好或价值标准来判断，也许这也是中国社会中存在很多无原则现象的原因之一。尽管如此，我个人的观点是：不能因为这些情况的存在来否定"忠恕"的积极一面。总的来讲，如果我们把善行作为共同价值标准的话，在承认共同价值的前提下，"己所不欲，勿施于人"就是绝对正确的。但是如果把恶也划归进来，情况就并非如此。因为恶人并不是以善为出发点，所以"己所不欲，勿施于人"还是有积极意义的，从善出发，这是基调。另外，我们可以对自己要求很高，但是在现实生活中对别人要求也很高可能就会有问题。如果把自己置于一个道德高地的话，现实中有时是会碰壁的。

我与你

我与大家说一说第二个话题"我与你"。先来说一说马丁·布伯。他是近代著名宗教哲学家，犹太人，早年在法兰克福大学任过宗教哲学教授与伦理学教授。希特勒上台后，他成为犹太人的精神领袖。1938年，他移居巴勒斯坦，任希伯来大学宗教社会学教授。他曾是以色列科学与人文学院的首届主席。1923

年，他出版《我与你》这本书，随后在1947年出版《人与人之间》，这本书可以说是《我与你》的续篇，简单来讲就是关系哲学。其实他的《我与你》这本书就是研究人与人之间的关系的，但是这本书比较难读，我读过这本书的一部分，读起来也是比较费力的，有的部分文字很优美，但是并非读一遍就能懂，往往需要反复看几遍才能慢慢明白其中的意思。

笛卡尔有句话："我思故我在。"但马丁·布伯认为，真正决定一个人存在的东西，绝不是"我思"。之前我们有很多人将"我思故我在"看作一种唯心主义，认为我在思考所以我存在，但有的学者不这样认为，在此我们不在哲学意义上讨论。马丁·布伯认为不是"我思"，也不是与自我对立的种种客体，关键是个人同世界上各种存在物和事件发生关系的方式。马丁·布伯用两个原初词："我—它"与"我—你"来表达关系。他认为，"我—它"不是真正的关系，因为"它"（客体）只是"我"（主体）感知和认识的一个对象。他主张的是"我—你"，并且"我—你"才是真正的关系。简单地讲，前面的"它"只是主体感知的对象，"我—你"中间的"你"才是一种真正神性的存在，像我一样的存在。哲学方面可能比较拗口，等一下我慢慢说，大家会明白一些。"我—你"是完全的、纯粹的、自然的存在，是人与自然的融合，而"我—它"就不是与自然的融合，是与自然的分裂。

马丁·布伯认为，经验世界屈从于原初词"我—它"，就是说我们凭自己的经验感知世界。这个对象，不一定是一个真正存在的存在，或者说不是神性存在的东西，而已经加入了你主观的某些东西。简单地讲，不一定是一个完全真实的存在。那么，只有"我—你"中的"你"是真正的、存在的、神性的东西。这才是创造出真正关系的始祖。他引用了一个犹太教的格言："人于母体洞悉宇宙，人离母体忘却宇宙。"开始看到这句话会觉得奇怪，但仔细想一想是有一定的道理。为什么呢？因为人在母体内的时候，没有经过任何外界的干扰，只有在母体里面的感觉是完全纯粹的，没有任何不真实的部分。人离开母体的时候，被外界的某种东西干扰，感觉到的就已经不是一个真实的宇宙了。

这些东西说得有点生涩，可能大家以后会慢慢明白一些。马丁·布伯还讲到教育的意义和真正的师生关系。"教育的目的不是告诉后人存在什么或必会存在什么，而是晓喻他们如何让精神充盈人生，如何与'你'相遇。"这个"你"不是同学们一般理解的"你"，而是一种纯粹的存在。教育的目的主要不是告诉人存在什么，或者以后必然会存在什么，而是让他们知道与"你"相遇，与纯粹的、神性的存在相遇。人存在于社会中，一定是体现在关系之中的。也就是说，教育的目的就是要让人明白"我与你"的关系。真正的师生关系就是一种"我与你"关系存在的表现，把学生视为伙伴与之相遇，根据对方的一些因素来体会这种关系。我们作为教师，如果只把学生当作实现职业生涯的一个载体，只是一个工作对象，以此为生，靠这个赚钱，那教师和学生之间就很难真正建立"我与你"的关系。因为我们没有把学生当成一个神性的存在，缺乏对生命的敬畏与尊重，只是把学生当成一个对象或工具，这就是马丁·布伯不提倡的关系，也就是"我与它"的关系。只有真正出于对生命的尊重，把学生看成神性的存在，建立伙伴关系，才能实现真正好的教师和学生的关系。

马丁·布伯的话对教育有很大的积极意义。他还讲："自由人知道人生的本质便是摇摆于'你'与'它'之间，他懂得此中蕴含的奥谛。他不可能永驻于圣殿里，故尔他必得反复踏入圣殿的门限，然他以此为满足；他不得不一次次重返人世，但这正好向他昭示了人生之意义与天职。在彼岸，在圣殿门前，回答、精神在他心中不断复燃；在此岸，在这卑微但必不可少的世界，火种长存不灭。"这段话写得很优美，到底是什么意思呢？从前面可以看出来，马丁·布伯讲"我与你"和"我与它"，真正在现实生活中，"我与你"的关系是理想化的。他自己也意识到了，一个人不可能长期都驻存于"我与你"这种关系里，现实只可能摇摆在"我与你"和"我与它"的关系中。有时候，我们和别人的关系处于"我与它"的关系，但是作为有教养的人，我们要时时体会到"我与你"的关系，实际上这也是自己成长的需要。所以人就是反复踏入"圣殿的门限"，但却"一次次重返人间"。当我带着预期和目的去和一个对象建立关系的时候，这个关系即是"我与它"的关系，不管那预期和目的看起来多么美好，都是"我与它"的关系。因为这个人没被我当作和我一样的存在看待，他在我面前沦为了我实现预期和目的的工具。就像我在前面提到的教师和学生的关系一样，如果我作为一个教师，把学生看成是和我一样神性的存在，这是"我与你"的关系。但是，如果我只是把学生当成是为了实现我职业生涯的预期和目的的工具，那就是"我和它"的关系。

有时候，有些目的和预期可能看起来非常美好；在某些情况下，我们完全不必怀疑某些关系中一方的美好愿望。比方说，最典型的是妈妈和孩子的关系，我们毫不怀疑妈妈对孩子的爱是绝对真诚的。但即使如此，她和孩子的关系也未必建立在一个"我与你"的关系上。因为有时候母亲对孩子的真实存在不了解或不关心，孩子有时候成了她表达爱的工具，有时候她按照自己的预期和目的让孩子做事情，这还是"我与它"的关系。我深有感触的是，我有个小外孙女，她非常可爱，每次回家我总想逗她玩。但她有时候不耐烦，我就问她："外公这么喜欢你，你怎么还对外公发脾气呢？"她说："外公呢，有时候挺好，有时候呢，有点矫情。"当然，她的词语不一定表达得准确，但是她把意思说出来了。她是说其实我不懂得她的真实存在，至少在那一刻她在想什么，我没有去试图理解。我爱她，我的目的显然是好的，可不管我的目的多么好，她仍成为我表达爱的工具，在这个时候，我和她的关系是一个"我与它"的关系。

马丁·布伯在讲"我与你"的关系时提到，太多的理想主义者极力推行自己的理想时，不过是将其他人和整个社会当成了实现自己所谓美好目标的对象和工具。希特勒就是典型,把其他人和整个社会当成实现自己目标的对象和工具。很多人讲理想主义可能是好的,但是专制乃至大屠杀很容易在理想主义的幌子下出现。马丁·布伯认为,理想主义一开始就是可怕的,它不过是一种极端的"我与它"的关系而已。当我放下预期和目的,以我的全部本真与一个人或者是一个事物建立关系的时候,我就会与这个存在的全部本真相遇。简单地讲,"我与你"的关系就是我的全部本真和你的全部本真相遇,这里面没有掺杂任何目的和预期,是比较纯粹的关系。

虽然我们上面所说的都是比较理想的状态,但是人与人之间的交往还得朝着这个方向去努力,这才是我们所需要的。简单而言,我们必须要看到并尊重对方真实的存在,神性的存在,这是基本的。"我和你"之间的相遇实际上是我的本真与上帝相遇,这句话带有一些宗教神学的味道。当我们揭开宗教神学的神秘面纱时,可以发现这句话还是有一定积极意义的。我们与他人建立关系的前提是看到并尊重对方的真实存在,不带有任何的预期和目的。比如日后你们走上工作岗位,哪怕就说现在与同学之间的交往,不带有任何功利性的目的和预期,并且尊重对方真实的存在,这才是一种美好的关系。假如我和他之间只是经验的和利益的关系,我作为世界的主体、世界的中心,而他就作为我感知的对象,而非是一个真实的存在。此时,我与他之间的关系是不平等的,我是主动者,他是被动者,是我作为一个主体去经验他。

关系

接下来要讨论的第三点才是最关键的,并且着眼于我们一般意义上的关系。每个人都必须活动、生存于关系之中,因为每个人都不能脱离关系而独立存在。如今"关系"二字在中国已具有特殊的含义,西方甚至将关系作为外来语(Guanxi)放入了他们自己的语言之中。这表明西方人在与中国人打交道的同时了解了关系的重要性。

关系可能影响每个人的未来发展,而关系在我们的现实生活之中是真真实实存在的。每个人怎样去看待关系的存在,这是关键,也是每个人都无法逃脱的问题,必须要正视。有些人可能会选择庸俗地看待关系,而有些人可能会把某些关系看得非常神圣,从庸俗到神圣之间对于关系两种截然不同的态度可以反映出一个人的心理健康程度。因此,希望同学们对此问题加以了解与重视。

马克思曾说过,"当人同自身相异化的时候,他也同他人相对立。"马克思分析资本主义社会剩余价值的时候将资本视为劳动的异化,与此同时导致了人与人之间关系的异化,并且最终上升到了资产阶级与无产阶级之间的斗争。当然,今天我们不会用阶级去审视人与人之间的关系了。马克思说:"一个人的发展取决于和他直接或间接进行交往的其他一切人的发展。"就是你的发展取决于与你直接或间接交往的一些人。"社会关系实际上决定着一个人能够发展到什么程度。"可见,马克思也理解关系对人来说是多么重要。

德国当代重要的哲学家哈贝马斯有一个交往理论。他认为人的行为分为：（一）目的行为，也就是说人的行为在现实中往往都是具有目的性的；（二）规范调节行为，即群体成员为遵循共同价值规范为取向；（三）戏剧行为，也就是在公众或社会面前有意识地表现自己的行为，以形成自己的观点和形象，即使平时三三两两聊天，也是表现自己；（四）交往行为，两个或以上具有语言和行为能力的主体间通过语言或其他媒介达成相互理解、协调一致的行为。交往之中也体现了关系。

我再说说中国的一些文化名人是怎么描述关系的。林语堂说过："中国人是把人情放在道理上面的。"也就是说，中国人把人情看得比道理重要，不是说中国人不讲道理，而是说道理次之。举个简单的例子，就学生向教授申请推荐信上，中西方做法就存在较大差异。在西方，人们把这看成是一件很严肃的事；而在中国，某些教授往往会因为人情和面子给出和实际情况有出入的推荐信，这种差异就体现了中国人是很爱面子的。

梁漱溟有本书叫《中国文化要义》，在这本书中，他将社会与个人的关系分为个人本位、社会本位。他认为中国既不属于个人本位，也不属于社会本位，而是关系本位。西方强调个人自由和个人独立性，这属于个人本位；按理说中国这个社会主义国家，似乎更应该强调社会本位。但是，现实情况并不是这样，中国之伦理只看见此一人与彼一人之相互关系，而忽视社会与个人相互间的关系。这就是，不把重点放在任何一方而从乎其关系，其重点实则放在关系上了，也就是关系本位。

中国社会和西方社会在人际距离上是有差别的。就我个人观察而言，在中国社会和西方社会里，人与人之间的距离表现是不一样的。如果从平均距离的角度上讲，两个社会中的人际平均距离是相等的，但是如果具体到其中的某一方面，在两个社会中就有很大的不同。中国社会中亲人朋友之间的距离明显要小于在西方社会中与亲人朋友间的距离。在中国社会中，朋友之间的距离可以很近，甚至可以牺牲原则；在西方社会中，与朋友相处的原则就比我们要强一些，更有分寸。而在中国社会中陌生人之间的距离明显要大于西方社会中陌生人之间的距离。在我们的社会中，如果出现了一些状况，周围的人很麻木，对陌生人的事情置之不理。这样的例子太多了：小孩子掉到湖里，没有人愿意去救；老人摔在地上，也没有人愿意去扶。陌生人之间的距离是显示社会文明程度的一个很重要的方面。在"9·11事件"逃生的过程中，并不是每个人都只顾自己拼命地跑，而是让妇女儿童先撤离。在我们的社会中能不能做到这一点，我是很怀疑的。你说西方社会虚伪，但是要真正做到这个程度是不容易的，这的确体现了社会的文明性。西方社会中陌生人之间的关系，显然比我们社会中要近一些。按理说，我们国家是社会主义社会，应该要更好一些，遗憾的是现实并非如此。

有人说，西方人重视平等，中国人重视合理的不平等；西方人重视法律，中国人重视道德。前半句是毫无疑问的，但是我怀疑我们还是不是这么重视道德。西方人之间是利害关系，中国人之间是势利关系。西方人讲利害是很直白的,他们会据理力争,很直白地表达自己的想法。中国人表达起来很含蓄,实质上却很势利。西方人觉得某一个人不符合我们公司的要求,对我们公司的利益有损害,这是利害关系,那对不起,请你走。咱们呢,考虑的因素很多,这样做有可能得罪人,说不定这个人还会有七七八八的关系,没准我不光得罪那一个人,可能还得罪跟他有什么关系的人,于是多种考虑使得我势利。西方的人际关系相对单纯,而中国人人际关系相对复杂,应该是基本事实。

我再说说在咱们现实中,国人在关系上的一些误区,或者说有一些观念甚至成为我们的文化。比如说"害人之心不可有,防人之心不可无"。读研究生的时候我一个同学多次和我讲:"培根啊,防人之心不可无。"我的观点和他不一样,也就是说事先不去提防人家。我不会想他可能会怎么怎么样,更不会从坏的或者说不好的方面去假设,没必要。如果以后的事实告诉我,他这个人究竟怎么样,那就是另外一回事。但我们在一开始的时候,没必要做这种假设。然而在我们的社会中,很多人好像总是在提防着人,太缺乏互信。这就不太容易使我们在关系中表现出一种比较真的感情,你如果提防别人就不可能表现得很真。

再一个就是利用,我前面花很大的篇幅讲马丁·布伯。马丁·布伯提倡"我—你","我—你"的关系就是不能够带着自己的预期和目的,我不能够利用别人去达到我的利益和目的,这种关系不可能是真诚的。但我们现实生活中的确有相当一部分人是这样的。大家肯定会说，别人都这样的时候我肯定也这样，但我劝大家其实不必，因为你真的对别人很真诚的话，最后你还是会赢得多数人的好感。

现实关系中还有一些不好的倾向。一个就是对关系对象的过度依赖，或者说给予关系对象过多的责任。比如说在我们大学里就会碰到很多例子，尤其是研究生和导师，有的研究生给予导师过多的责任。关于依赖我等一下还会说到。还有溺爱，我们年轻的同学中间肯定很多人会感受到溺爱，因为都是独生子女，这和我们的国情有一定关系。再一个问题呢，就是现代年轻人之间的关系有虚拟化的倾向。我前不久听到一个小故事，是一位同事告诉我的。她的孩子在美国念书，她去美国看孩子，有一次跟孩子走在街上的时候，孩子告诉她："那个是我的同学，我看到我的同学了。"他妈妈就说："你跟同学打招呼呀。"他不当面打招呼，结果却在手机上聊得很热乎。我不知道这种现象在现在年轻人中间到底多不多。原来没有这种虚拟手段的时候，我们的关系多建立在直接的面对面的沟通和交流上。现在有了这个之后，我们用虚拟的手段去交流。但是我的观点是不能以虚拟手段替代面对面的交流。我们不能否认虚拟手段在建立关系时的作用，但是过分依赖虚拟手段则可能导致现实关系恐惧。

马丁·布伯讲的"我—你"关系是一种理想的关系，但是他也意识到现实世界中实际上很多情况下还是"我—它"的关系。他说:"人呵,伫立在真理之一切庄严中且聆听这样的昭示:人无'它'不可生存,但仅靠'它'则生存者不复为人。"意思是说,如果你仅仅停留在低层次交流中,处于"我—它"的关系中,那就不是一个真正的人。现实生活里,少数年轻人,尤其在没有踏上工作岗位的时候,甚至在大学念书的时候也表现出一种关系恐惧,怕与别人建立关系,这对自身的发展是很不利的。当然关系恐惧有时候原因很多,比如早期关系受挫,缺乏家庭温暖,潜意识中缺乏安全感,还有童年时候曾被伙伴或者好友伤害等,还有其他一些原因。

有的年轻人缺乏人际沟通技巧,难于把握交往的尺度。有些人总是担心别人占便宜,其实你想开点,别人占便宜就让他占点便宜,没什么了不得的。让别人占便宜你吃不了大亏,那个占便宜的人终究也不会占到大便宜,只能占小便宜。还有一种情况是清高,以为自己很了不起。这些都不利于建立正常的关系。

中国是熟人社会,现实中的的确确存在强烈的关系依赖。骆家辉评价中国人时说到一点:"能通过关系办成的事,绝不通过正当途径解决。"可能在座的有些同学当年高考之后,家长就开始找熟人了,有太多类似的事情。社会上的不良风气也助长这种对关系的依赖。比如,在学校里,教授做学问,按道理讲是不需要依赖太多的关系,但是现在尤其在年轻的一辈中,就表现出对关系很大程度上的依赖。现实生活里也的的确确存在这种现象,因为关系好,得到的学术资源多一些,拿到的课题多一些。所以前两年我提到希望在学校里学气重一些,江湖气少一些。但现实情况是，今天中国的大学里江湖气的确比很多年前要重一些，这也是整个社会的不良风气在学校的反映。

再说几种重要的对象关系。你们以后要走上工作岗位，对发展来说最重要的是同事关系。隔壁左右上下都是同事，必然跟发展联系在一起。对生活最重要的关系———恋爱对象或配偶，还有家人。我不知道大家现在谈恋爱的情况，但讲了马丁·布伯"我—你"的关系，都应该尽量把恋爱关系建立在"我—你"的关系上。真正地把对方看成一种神圣的存在，哪怕是他的缺点，不要带着掺杂的其他一些目的，更不要只是出于生理方面的考虑。配偶也好，恋爱对象也好，我告诫大家一句可能一辈子都很适用的话：不要试图改变对方。在恋爱的时候，你最好可以明明白白地看到他的缺点。人在恋爱的时候往往不清醒，看不到对方的缺点。但当你看到对方缺点的时候，就要理性地承认并尊重存在那些缺点的他，不要试图按你的方式去改变，要改变也是对方觉得自己应该要改变。人的本性是最难改变的，俗话说，"江山易改，本性难移"。

与孩子的关系方面，未来生活中，你们都会有孩子，对待他们不要完全以给予的形式，这也是我们前面举的母亲与孩子的例子。

当然对我们的成长来说，很重要的应该是师生关系。

从关系性质来讲，还有另外几个比较重要的关系，如契约关系、情感关系、合作关系和上下关系。关于契约关系，英国著名历史法学家梅因在其传世经典《古代法》一书中，将"到此为止"的所有社会运动，概括为"从身分到契约"的过程。也就是说从原始社会开始，就是身分在起作用，但越是到现代社会，我们越看重契约关系。这也是人类社会从自然经济到商品经济转变的必然趋势，商品经济的一个重要特征便是"契约自由"。我建议大家要有契约这方面的观念和意识。普通的契约可以自由协商，到了现代化社会就会采用定型化的契约，或者说格式合同，尤其是商务来往的时候，就是用格式化合同来规范双方的关系。先小人后君子，这是可取的。但很多时候我们表现的是先君子后小人，结果闹得不可开交。

此外，协同关系也非常重要。大家应该注意到，可能现在做事只有在很少的情况下才不需要协同。陈景润做事只需要一个人，但这只是少数情况，更多情况下还是需要协同的。即使从事科学研究，我们也需要和别人协同。做一个实验，从实验方法到实验装置是很麻烦的过程，有很多实验装置可能是你能力之外的，这时候你就需要别人帮助，就需要协同。工程更不用说了，基本上没有一个工程是不需要协同的。荀子有一句话说得非常好："人力不若牛，走不若马，而牛马为用，何也？曰：人能群，彼不能群也。"这句话的意思是说一个人力气比不上牛，走路也没有马快，但是牛马皆为人所用，这是什么原因呢？因为"群"，也就是协同。牛马不能够协同，在动物世界里，一只老虎可以使一群牛落荒而逃，试想牛如果能够协同，一群牛难道连一只老虎都对付不了吗？马化腾非常强调开放协作，主张最大程度地扩展协作，很多恶性竞争都可以转向协作型创新。所以现在搞企业，协作是很重要的。

　　上下关系是每个人将来都会碰到的，你走上工作岗位，会碰到你的领导。若干年以后，不仅上面有领导，可能下面还有下属，所以说上下关系是大家始终回避不了的。在上下级关系中，好的下属要善于发现问题。因为领导在上面，他很难发现下面存在的很多具体问题，所以这就需要下级善于发现问题。但是你发现问题还要想怎样解决问题，你要把自己的思想变成领导的思想。什么意思呢？很多人自己有点想法就自以为了不起。尽管是你发现的，你还要善于把它变成领导的思想。我向来不主张虚伪，不是要大家虚伪地迎合领导，而是从有利于事情推进与执行的角度考虑。领导因为在更高的位置，所以他的思想更有利于一些事情的推进。虽然你可能和他一样也有思想，但是思想从你口中出来显然没有从领导口中出来作用大，这是现实，这是实际的存在，你必须尊重这种存在。另外一方面，你要善于把领导的思想变成行动，领导的思想是要靠人去执行的。我们很多领导有好的思想但是下面没有行动，那好的思想便失去了价值。如果你能把领导的思想变成行动，那么领导会认为你有执行力，自然你也更容易得到领导的信任。更重要的是，放低自己，垫高领导，当然这是从下属的角度出发的。但是如果你作为领导，不能这样要求下属，你要豁达一些，这样才能从下属那里得到更多的尊重。

　　古时候，齐景公的宰相是晏婴。"晏平仲（婴）善与人交，久而敬之。"《论语·公冶长》司马迁说："假令晏子而在，余虽为之执鞭，所忻慕焉！"为什么晏子被这样敬重呢？讲一则小故事，晏子出使鲁国返回后，一些人向他诉苦，齐景公欲再造宫殿。晏子进言不妥。景公纳言后，晏子即赴工地，鞭劝其进谏之人，故意骂他们不为景公着想。后景公到，下令停建，百姓皆悦景公。尽管百姓皆言景公英明而认为晏子不好，但景公心中有数，这就是晏子的聪明之处，懂得放低自己，垫高领导。我不是说现代社会要做到如此地步，但放低自己，垫高领导的含义正在于此。孔子这样评价："古之善为人臣者，声名归之君，祸灾归之身，入则切磋其君之不善，出则高誉其君之德义。"善于做臣子的人，把声名归于君王，把祸灾归于自己。"入则切磋其君之不善"，这一点很多现代人都做不到。他讲的是，私下对国王讲他不好的地方，我们现在很少有下属敢讲领导的不好，很多是阿谀奉承。晏子他可以当面直指景公哪里做得不好，但是在外"高誉其君之德义"，在外面赞扬国王的德义，这是很了不起的。

　　同样是晏子，我们再来看看作为上级他是怎么对待下级的。"晏子为齐相，出，其御者之妻从门间而窥其夫，其夫为相御，拥大盖，策驷马，意气扬扬，甚自得也。"晏子是齐国的相公，出去的时候，车夫的妻子从门间看到她的丈夫，赶着快马，很是得意。后来赶车的人回去，他的妻子自请离开，车夫就问原因，妻子说："晏子长不满六尺，相齐国，名显诸侯。今者妾观其出，志念深矣，常有以自下者。今子长八尺，乃为人仆卿，然子之意，自以为足，妾是以求去也。"这意思是，晏子个子不高，他作为齐国的相公，名满诸侯，今天我看他出去，把自己摆在很低的位置，但是你高有八尺，作为车夫却自以为是，所以我要离去。车夫非常羞愧，觉得妻子说得很有道理。后晏子发觉车夫的变化，问他原因，车夫以实相告。后来晏子"荐以为大夫"，推荐他做了大夫。他能看到自己下属身上贤良从善的一面，这是晏子作为上级很好的地方。所以说，晏子对上下级的关系处理得非常好。

我觉得同学们中以后肯定有人是要成为领导的，希望你们有人成为大领导。作为一个领导，在对下级的关系上，尽可能不要做下面人能做的事情。一是你会很累，二是下面人会觉得你不够信任他。放手让下属做他能够做的事情，你也不那么累，他还觉得你信任他，他反而很高兴，这是一定要注意的。

领导要容忍不完美。没有完美的人，更不会有完美的下属，所以要容忍不完美。还有一个更难的是要容忍小聪明，现实社会中有一些下属会玩小聪明。玩弄小聪明一般来讲当然不受上面喜欢，你玩那么一点小聪明，领导多半是看得出来的。但是作为领导，作为大气的领导，你要容忍下属玩弄小聪明，你装糊涂一点，这样对事业是有好处的。因为你总要有人做事，完美的人不是那么好找的。那就让下属玩弄一点小聪明，只要不影响大局，这也能体现领导的大气，也有益于事业的成功。当然，作为下属来讲，还是不要玩弄小聪明为好。领导不是傻瓜，不可能看不出来。但是我告诫同学们，能够真正容忍耍小聪明的下属的大气领导很少，多数领导并不大气，即使是很高层的领导。从不同的角度看，作为领导，就多容忍下属的小聪明；作为下属，就别玩弄小聪明。

当然作为领导，还有一个重要的品质，要善于听谏，就像齐景公和晏子。还有我们历史上更好的例子———李世民和魏徵。魏徵侍奉过窦建德、李密，后来又跟李建成。他曾进谏李建成把李世民除掉，否则"终有祸害"。但是李世民不仅没有杀他，而且还重用他。魏徵上谏李世民就直接讲他哪里做得不好，直言相谏，李世民却依从，这就是大气。大凡大气的领导，都是能干大事业的，你们之中未来有想干大事的一定记住要尽可能锻炼自己大气的一面。

回到现实

最后一个话题，回到现实。马克思说："人的本质是人的真正的社会联系，所以人在积极实现自己本质的过程中创造、生产人的社会联系、社会本质，而社会本质不是一种同单个人相对立的抽象的一般的力量，而是每一个单个人的本质，是他自己的活动，他自己的生活，他自己的享受，他自己的财富。因此，上面提到的真正的社会联系并不是反思产生的，它是由于有了个人的需要和利己主义才出现的，也就是个人在积极实现其存在时的直接产物。"可见，社会联系对个人的存在与发展多么重要。

大家总要与他人在一起，你们要在与他人的关系中修炼自己。同学们之中有些人害怕与他人交流，这是不对的。如果一个人一直逃避与他人建立关系，那么他以后的人生肯定是不顺利的。人的事业、情感、生活、学习，都在与他人的关系中。

前几年我在我们的 BBS 上看到一个帖子，是一个研究生发的。他这么说："读了几年之后，赫然发现，导师确实更像老板。现在每个导师手下少则十个八个，多则十几二十个研究生。人多了导师就管不过来，并且他们为了赚钱，猛拉项目，学生自然就成为他们的廉价劳动力。而且导师主要想的还是学生为他做了多少事情，而不是他为学生付出了多少精力。这样的师生关系，使得学生毕业后不知道还有多少人会感激他们的导师。"因为帖子是匿名的，我也不知道这个导师是谁。我想从两方面来讲这个问题。现实中，有少数导师确实有做得不好的一面，这种情况是存在的，这里我主要说另外一个方面。有些同学们似乎赋予了导师过多的责任，就像我前面所说的"过分的关系依赖"。我在这里读的硕士，在美国读的博士。我们在这里的时候，没听说过把导师叫老板，而我在美国的时候，大家都把导师叫老板。所以老板这个称呼，是从国外传过来的。但遗憾的是，"老板说"被炒得变了味道。在美国，"老板"这个称谓是非常中性的，大家平时聊天的时候都把导师称为老板。但是在中国，老板这个词被炒得变了味。那位同学说道，每个导师手下的研究生少则十个八个，多则十几二十个。那么我给大家介绍一下我的导师，说一说我的老板的故事。我的老板是华裔美国人，那时候他在 Wisconsin-Madison（威斯康星—麦迪逊）大学，是机械系的教授，是全世界机械制造领域鼎鼎有名的学者。我们国内"少则十个八个，多则十几二十个"的研究生，那他有多少呢？那个时候他带的研究生大概五六十个，再加上访问学者，一共有七八十个人。这不是比我们这里这更像老板吗？我的老板比中国的导师严厉很多，甚至当时也有学生在背后说他坏话。但是我认为我的老板其实是很好、很优秀的导师。我们今天的社会，似乎更容易展示丑陋，人们往往带上有色眼镜去看待一些事情，包括"导师与老板"这个事情。其实，在人与人之间的关系中间，你要善于感受到美的体验。美其实无处不在，要善于发现美。要从平凡的事物之中去找到美、从平凡的人身上发现美、从平凡的过程中去感受美。

前两年在上海交大举行了一个纪念我导师的活动，我受邀参加。我的那个导师就是我在美国时的那个老板，解放前上海交大毕业。我作为他的弟子代表在会上发言。我发言的题目是《贤哉，师父》（我导师叫吴贤铭）。我当时讲的时候，很多人都很感动。我的师母也在场，她似乎更感动。我说，勤奋之如此，贤哉，师父！他每天晚上基本到十二点，甚至是过十二点以后才离开实验室。教学相长，贤明之如此，贤哉，师父！他经常问学生，向学生请教。他本科不是机械，学的是数理统计这方面的东西，是后来转到机械的，所以机械很多基础知识方面有欠缺之处。但他善于向学生学习，就是教学相长。智慧之若此，贤哉，师父！能够把方方面面的知识融会贯通，天文、地理、工程、金融等，信手拈来，皆成学问。定力之如此，贤哉，师父！在美国很多大学有象牙塔习气，但是他非常注重和工业界的联系。后来就是我毕业的那一年，他从威斯康星大学转到密歇根大学安娜堡分校。这是美国非常有名的学校，它的工科绝对是前五名的，在美国的前五名，是很厉害的。但是他到密西根去之后，密西根机械系有教授就抱怨他破坏了那里的学术气氛，因为还是有一些学者是崇尚象牙塔习气的。但是我的导师不为所动，他有定力，依然面向工业中的实际问题。实际上，他的弟子中，也就是我的师兄弟，有一些人在背后常有恶语。可能同学们会说，肯定导师特别喜欢我。说实在的，我还真不是导师很喜欢的学生。这就是说，我们要怎么去看一个人，在关系中一定要善于有美的体验，这对于成长是非常重要的。我希望同学们一定记住我的话。不管是读研究生，和导师之间的关系，还是走上工作岗位，和领导同事的关系。希望大家体会我说的话，怎么去发现别人身上的美，怎么去尊重别人神性的存在。这是心智健康的一个很重要的方面，也事关你们未来的发展。

我举一个反例，前不久大家在报纸上可能看到某大学医学院有位院士被他的学生举报，最开始我觉得是不是这位院士干了什么不好的事，最后调查认为举报这位院士的事基本不属实。大家想一想，我觉得这个学生以后会很艰难，你们相信吗？倒不是说这位院士会报复他，想想看，那位学生去其他地方，别人怎么看他，他自己的这种心智，对于他今后在社会上的发展是很不利的。我举的正例反例，不是要同学们丢弃原则，真正邪恶的事情即使发生在老师身上，我也赞成揭露。但是一般情况下，希望同学们要去体验关系，善于发现关系中美的方面。

要学会在孤独中体验。马丁·布伯讲："难道孤寂不也是一扇门户？在幽深寂寞中，不是常有玄妙直观？"人在社会上与其他人总是有着或多或少的关系，但是每个人也有自己独处的时候。在我们的传统文化之中，有"慎独"一说，就是在别人看不到你、听不到你的时候也能对自己的行为加以规范。这是一个人修养很重要的一个方面，也是人与人关系很重要的一个方面。历史上有个故事，杨震去荆州就任，在途经山东昌邑的时候，当地的县太爷王密（当初受过杨震举荐）为了感激杨震，揣着10斤黄金去报答。杨震拒收，说当初举荐你是因为了解你，你现在这么做真是太不了解我了。王密说："暮夜无知者。"杨震说："天知，地知，你知，我知。"王密听到后羞愧不已。也就是说，在平常独处的时候中经常审视一下自己，这样在现实中方能保持自己完善的人格，保持自己神性的存在。

传统文化里还讲到法天贵真，如果能做到这一点，不愁与其他人建立不了好的关系。下面我说一下李嘉诚先生，他这个人真的很了不起。他母亲跟他说过一个故事，潮州一个寺庙里的住持叫做云寂和尚，他知自己时日不多，准备将位子传下去，所以想在自己的两名弟子—寂和二寂中挑选一名。他拿来两袋谷子，分别给他们二人，对他们说你们把这谷子种下去，等成熟了再来找我，谁收的谷子多我就把住持的位子传与谁。结果一寂带来一大堆成熟的谷子，二寂则什么都没有。云寂大师看后，将住持之位传与了二寂。为什么呢？因为那些谷子都是煮过的，根本发不了芽。显然二寂很诚实。李嘉诚自己的故事也说明真诚对于事业的重要性。他在自己事业之初做塑料花生意。有一次一个外商要来订货，不过他有一个条件，要有担保人。当时李嘉诚没有什么名气，没人愿意给他做担保，迫于无奈，他只好跟外商实话实说。外商觉得这个人很诚实，就说不用担保。但李嘉诚表示自己还是不能接，因为流动资金不太够，外商为他的真诚感动，就先预付了款额。这对李嘉诚后来的发展起了很大的作用。有时候一些人不真不诚，或许能得志于一时，发一点小财，但是却很难把事业做大。

要注意在与陌生人的关系中间磨练自己。怎么去尊重与自己没有任何利害关系的人，这是体现自己修养和文明程度的重要方面，也是修炼自己的重要方面。另外，在中国这样一个"熟人社会"里，我们要在与熟人的关系中去审视自己，是不是把别人作为实现你预期与目的的工具，要避免这样。简单地说，陌生人间需要拉近距离，而熟人之间有时候也要保持距离。

人在社会中间最困惑、最纠结的关系是什么？马克思主义讲阶级关系，实际上大家想一想，今天我们基本上不大谈阶级关系，令大家困惑的也不是阶级关系。按马克思主义来说，我们现在似乎也存在着阶级，但最令人困惑的不是阶级关系，甚至都不是与领导的关系，更多的是与同事的关系。因为同事之间存在着竞争关系，这往往是大家纠结的问题。我希望你们以后不要过分混淆公事关系与私人关系。你将来走上工作岗位也会有朋友，完全把这两者撇得干干净净也不太现实，要注意的就是不要把私人关系带到工作中去，至少不能影响工作，那是犯忌的。

　　人虽然是生活在关系中的，但不必生活在别人的看法中。你如果生活在别人的看法与评论中，就会很痛苦。关系不是一切，关系不是设计出来的，简单也是一种关系。我在学校里一直提倡简单的关系，一个人很复杂，很精明，可能就很难与别人建立好的关系。

　　再一点就是竞争与较劲，我觉得竞争应该是公开的、阳光的，就像我们在田径场上赛跑一样，这是正常的关系。但在生活中间，在社会中间，存在很多暗中较劲的现象。这一点我相信国内、国际社会都会有，但是中国更甚。我提倡公开竞争，不提倡暗中较劲。

　　用马丁·布伯的一句话作为结语："完整的相互关系并非为人际生活所固有，它本是一种神赐，人必得时时祈望它，虔心等待，但它决不会轻易惠临。"我今天就说到这里，谢谢大家！

（2014年6月12日心灵之约讲座）

高中生・大学生

为人·为学·择学

很高兴在华师一附中与大家交流。今天我想就"为人"、"为学"、"择学"谈谈我的观点。

一、为 人

美国教育家杜威说:"道德是教育的最高和最终的目的。"美国前总统罗斯福说:"教育一个人的知性而不培养其德性,就是为社会增添了一份危险。"道德的主要问题就是怎样为人。你们大概都听到情商一说,一个人在社会中的发展多半取决于他的情商,而非智商,而情商其实就是怎样为人。

我们是社会中的人

同学们首先要明白,人一定是社会中的人。既然如此,就得很好地融入社会。

要融入社会,你首先得关心和了解社会。现在很多中学生、大学生都不太关心社会上发生的事情,更不了解民间疾苦。比尔·盖茨就号召大学生应该关注人类社会发展的重大问题,比如能源问题、环境问题、社会不公平问题等等。当然你们的主要任务是学习，尤其高中学生还得面对高考。但人总不能成为学习机器，学习之余的零碎时间关心和了解一下国际、国内大事，人间社会百态，还是有可能的，哪怕是了解一点皮毛也是有好处的。但有的同学把那仅有的零星时间只是用于网络、游戏等。有同学可能会觉得，我将来再了解社会也不迟。问题是你现在养成了不关心的习惯，将来一定会增加你融入社会的困难。

因为是社会中的人，就少不了与人打交道。人在社会中还是需要交流沟通的艺术。这不是教大家在与人交流沟通时取巧，恰恰相反，交流沟通的真谛在于真诚。只要出于真诚，不善言辞也能得到别人的理解；相反，巧言令色可能使人厌恶。

建议同学们有意识地增加自己与他人交流沟通的机会。你们最容易的、最不费力气的、最对等的交流就是同学之间的。有两点想特别提请大家注意，即便目前不存在，未来也要注意避免。一是不要以"虚拟"（网络、短信等）对话完全替代面对面对话，尽管"虚拟"对话有其不可替代的作用，但面对面对话依然是交流沟通最直接、最富于情感的方式。年轻一代中有少数人即使有面对面交流的机会也不愿用，而宁可用"虚拟"方式。二是避免用匿名方式发表不负责任的言论，这大概也与网络技术发展有关，而且评论多涉及公共事务。往往匿名方式发表的言论中不理性的比例大得多。因公共事务与有关部门或其负责人实名地进行沟通交流，能显示自己的成熟、理性与责任心，也容易得到别人的信任与赞许。

要敢于与师长、上级坦率地沟通交流。这样的人更容易得到师长或上级的了解与信任。敢于交流是善于交流的前提。

通常而言，社会中、生活中总有许多不如意的时候，不管怎样，还是要学会爱社会、爱生活。一味地看到那些阴暗的东西，最终生活在抱怨里，自己也很难走出阴影。同一个社会，同一个时代，不同人的看法可能大相径庭，有人视为美好的时代，有人视为糟糕的时代；有人视为光明的季节，有人视为黑暗的季节；有人视为希望的春天，有人视为失望的冬天（建议大家看看狄更斯的一段话）。正确的态度是既要对社会生活中的各种问题有清醒的认识，同时也要对社会和生活充满信心。

不做半边人

梁思成1948年在清华大学有一个演讲《半个人的时代》，斥文理分家。他把只懂技术、不谙人文的人视为空心人，把侈谈人文、不晓科技的人称为边缘人。希望高中学生不要偏废，中学时代不要文理分家，即使学校分了，自己心理上也不要分。

我认为，还有一种半边人，就是不讲仁义的动物人。他们之所以为半边人，简单地说就是缺乏人的价值和精神、缺乏情感、缺乏人文关怀。

要做文化人

前面讲到不做半边人，那么做什么人呢？我认为要做文化人。以前在一些落后的地方，人们把能识字、读过一点书的人视为文化人。这里讲的文化人显然不是这个意思。我说的文化人不仅具有一定的人文与科学知识,更重要的是具有人文与科学精神。

诚然,任何一个人都不可能精通人文和科学,只能偏于人文或科学的某一方面。但对于一个文化人,不管他的主攻方向是什么,对于其他某些方面的普及知识应该略知一二。而且更能衡量一个人是否是文化人的关键在于其精神价值系统。如果把科学精神也视为人文精神的一部分(有学者认为如此),那么精神价值系统所包含的主要就是人文精神。像忠恕、天人合一、以人为本、人权、求是等等,都是我们应该追求的人文精神。

我们都是中国人,中国人应该有特别的精神价值系统。作为一个文化的中国人,一定要对中国文化的特殊性有所了解。要多少了解一点中国文化的根。无论是从个人的意义,还是从国家的意义,都不能缺少中国文化的根。个人缺少了中国文化的根,就不是真正的中国人,至少不是文化的中国人。国家更不能丢了中国文化的根,否则我们会成为如亨廷顿所言的"无所适从的精神撕裂的国家"。那么,中国文化的根是什么?现在学者们有共识,中国的核心思想就是"礼",中华文化植根于礼文化。钱穆先生认为,中华文化对世界最大的贡献就是"天人合一"的思想。同学们现在还是高中生,并不要求你们研究中国文化,即使将来也未必研究。但是你们要有这个概念,要有这个意识。平常有所关注,头脑里就自然有中国文化的根,自然有中国文化的主要精神。

要做一个文化人,仅注意中国文化的根脉也是不够的,还要注意吸收外来文化。华夏民族一千多年前就开始不断地接受外来文化。而今天的世界变得越来越小,全球化浪潮不以人们的意志为转移地冲击世界各地。无论对国家还是个人而言,都得重视吸收先进的外来文化。"五四"的先贤们学习外来文化,试图启蒙大众。有学者认为,中国今天依然需要启蒙。独立自由精神、契约精神、人权观念、民主观念等并未深深植根于我们大众之中,甚至未能植根于中国的知识分子之中。现在的中学生是中国未来的希望,但愿世界先进文化和中国传统文化的精髓都能滋养着你们成长。

文化人应该有相应的文化品格。一个文化人立于世,最重要的莫过于其价值取向、精神追求。中国有很好的传统文化,儒家所提倡的君子人格就是一种很好的文化品格。孔子的忠恕思想,"己所不欲,勿施于人",非常朴实,但却是做人的很高的境界。西方启蒙思想家所提倡的独立自由精神等也应该成为文化品格的一部分。遗憾的是,在当前我国部分有知识的人中,也表现出功利特征鲜明、无独立人格、无责任感;社会中所呈现的虚伪、自私、冷漠、麻木、消极等现象也不少见,甚至也存在于中学生、大学生的一部分人身上。中国未来社会能否真正和谐,恐怕关键之一在于你们有知识的青少年身上形成怎样的文化品格。文化品格不仅关乎社会和谐与发展,对于个人而言,好的文化品格还有助于成就你的事业。中学时期是形成品格的关键时期。观察一些走过中年老年的人，他们成熟之后所具备的品格与当初他们在中学时期所展露的品格初态，基本无二。所以，同学们从现在起就得注意养成好的文化品格。

二、为　学

你们念书的时间也十来年了，你们的老师没少教你们怎样学习，教你们为学的态度与方法。这里我只说说我自己的几个观点。

勿偏学。现在偏学恐怕是高中普遍存在的现象，这已经成为中国中等教育的一个顽症。我念中学时（上世纪60年代中期），那时候高考的升学率比现在低很多，也就是说考大学比现在困难得多。当时考大学也分类，理工一类，医学和农学一类，还有文科一类。然而我们念高中却没有文理分班。当然现在中学文理分班不能怪中学的校长们，此风一旦在整个国家形成气候之后，校长们也很无奈。但我想强调的是，同学们自己要有一点勿偏学的意识，课外自己补充一下是完全可能的。譬如你在理科班，课余凭兴趣随意读一点人文方面的书，一定是有好处的。

向社会学习。你若仔细观察周围的事物，就会发现太多的东西值得你学习。你是不是感觉到信息技术正在改变我们的生活，将来还会有什么影响？你似乎可以感觉到环境有些问题，看看东湖的水，是什么东西影响到它的水质？有什么办法去治理？看看我们的市民社会，中国的基层社会管理欠缺什么？

看看社会风气，败坏的原因是什么？当然深究这些问题，那是专业学者的事，即使深入学习相关的理论与技术也是进大学后的事。我不是说中学生就得花工夫学那些，只是说你们要善于观察社会中的各种事物与问题，稍微多一点思索，略知一点皮毛，那就是一种学习。日积月累，大有益处。向社会学习，就需要留心观察，善于观察就使你有好奇心，有好奇心就是潜在的创新能力。

质疑。质疑本身就是科学精神的一种表现，是独立精神的表现，也是创新能力的基础。学习中碰到的很多问题，不妨多提出一定疑问，对于老师而言，没有愚蠢的问题。有时甚至不妨有一点逆向思维。

主动与被动。我总感到，我们的学生大多是被动学习，中学生中尤其如此。尽管中学阶段主要是学习基础知识，学习的形式是以老师教为主，但聪明的学生还是会尽可能表现出主动学习的能力。主动地悟知识之间的联系，主动地通过课外阅读补充课堂学到的知识，主动地寻找所学知识与日常生活或实际问题的联系，主动地与同学讨论，甚至主动地向老师发问，这都是体现学习能力的。

把书读薄与读厚。读书要善读。一方面要善于把书读薄。你们学物理、化学、数学等课程，一本书学完，如果能够清晰地用一根线把学的知识串起来，大概算是把书读薄了。哪怕读一本小说，不能停留在记忆了一些故事情节，也不能停留在某些优美的语句描写。我的一个初中同学，读了好些文学书籍，把很多优美的语句抄下来，但对自己的文学素养的提高却作用不大。正确的读法呢？你要去悟这本书的意境，作者意欲反映现实的内涵是什么，你甚至需要领悟书中潜藏的朦胧的美。能如此，大概算把书读薄了。另外一方面，你们要善于把书读厚。所谓举一反三，融会贯通，每一个知识点上都可以发挥，这不就把书读厚了吗？

与老师保持距离。请老师们不要见怪，我自己也是老师，这句话当然也适用于我。保持距离，就是不要太近，当然也不能太远。我不是要同学们不听老师的话，要听老师的话，但对老师的话也要有自己的独立思考。可能存在这种情况，老师说的某一句话，对于多数人而言是适用的，但未必对你合适。我今天讲的话，也不一定对所有同学都管用，部分同学觉得合适，可以作为参考。

一知半解不要紧。首先声明，这句话是有条件的，主要指课外阅读。你们所学的课堂知识，都是基础知识，务求弄懂弄通，不要一知半解。但中学生如果仅仅学老师教的东西，多半是死读书。课外要涉猎一点别的书，读什么不是最重要的，根据自己的兴趣就好。对于课外阅读，有时候一知半解不要紧。关于某种知识，虽然你还没完全明白，但以后碰到，你知道某个问题涉及到哪方面的知识，知道在哪里去查找，这就是用处。另外，读某些东西，一时不懂，时间长了，可能自然领悟。

三、择 学

同学们都面临一个很现实的问题,上大学。那么选择什么样的大学?选择什么样的专业?就这两个问题说说自己的看法。

择校

选择学校时,大家都会看一所大学的名气,而往往又根据一些大学排名看大学名气。的确,不同档次的大学差别还是很大的。但是差不多同一个档次的学校,怎么选择?在排名榜上相差几位,根本说明不了什么问题。

建议大家在择校时首先看一所大学的精神与文化品格。在当今中国高等教育相对浮躁的环境里,不少大学缺乏教育的内在理想,靠指标驱动办学,追求文章、科研经费、获奖数等等。大学排名机构也根据这些指标对大学进行排名,但大学的精神与品味却不是这些指标所能衡量的。当然,精神与文化品格是一个软性的东西,不容易直接看出;但也不是完全没办法考量的。现在信息很丰富,不难查阅。看一所大学的精神与文化品格,最关键的是她办学的基本理念。看这所大学是真正从什么意义上理解教育,看学生在那个环境里是否能得到自由发展。而大学的办学理念主要又取决于她的领导人持何种教育的内在理想。此外,独立自由精神(虽然说中国大学普遍欠缺,但不同的大学在这方面的程度还是有明显差异的)、质疑批判精神等都是大学精神与文化品格的内涵。

其次,选择一所学校,要考虑自己在其中的机会和机遇。

常常看到很多学生和家长一味追求好学校,其实不要盲目追求。如果很勉强地进入一所精英学校,未必对自己有好处。打个不恰当的比方,如果你在一片林子中是一棵得不到多少阳光的树,那能有利于自己的成长吗?因此,选择一所适当的学校,使自己在其中可能有更好的机会与机遇,那才是更明智的。

选择大学要以打算学习的专业情况为最重要因素。哪怕最有名的大学都不可能在所有的专业上名列前茅。因此,你首先应该确定你希望学什么专业,然后再根据专业选择合适的学校。

择专业

很多中学生及其家长对于选择什么专业很茫然,甚至纠结。中国有句老话,行行出状元,但总归得有选择。

大家对一般的文理专业可能有更多的认识,人文社会科学专业对于人们的精神生活、推动社会发展进步至关重要,自然科学更适合于那些富有好奇心、喜好探索奥秘的学生,所以很多优秀学生、有志青年愿意选择这些专业,未来从事相关的专业研究,有兴趣者是极大的精神享受。少数能成大家者,甚至流芳百世。当然这些专业的毕业生刚从业的收入,除了其中的少数外,平均可能要稍差一些。

下面只给大家介绍一下几个考虑专业的特别角度。

冷门与热门。的确存在冷门和热门专业。所谓热门专业,就是因为选择它的学生多。之所以热门,其一往往是因为找工作容易,而且相对待遇高;其二时髦。但冷门专业,未必没有好处。冷门专业毕业的学生有时也容易找到工作，甚至待遇也不错，因为那样的人才在社会上很少。另一方面，冷门专业毕业的学生今后做出成就的几率比较大。

工具专业。有些专业的人才，各行各业都要用，就像工具，如英语专业、计算机专业等。这样的专业的好处是，毕业后就业范围广，不限行业。几乎每个大企业都需要那些高级人才，这就是机遇。但也存在挑战，因为是工具，其他专业的学生也具有这方面的知识。工具专业的毕业生就业后，如果从事的工作不是非常专门化，其优势就不明显。比如，在一个机械行业里，如果一个计算机专业毕业的学生从事的工作只是普通的计算机应用，那么他的优势是不明显的。因为机械专业的毕业生一般也能掌握计算机应用的一般知识。而机械专业的毕业生的优势是多了机械的专门化知识。

边缘专业。现在有些学校开了个别处于交叉领域的专业，我称为边缘专业，如物流管理、电子商务、生态学及环境生物学等。这些专业的特点是新，今后相应的行业有发展前景。但坦率地讲，在最近几年可能还会存在就业不易的情况，因为相关的行业发展还不成熟。也许再过若干年情况会发生变化。

使能专业。很多人对几个很重要、最普通专业的认识还不够，如信息、机械等。信息、机械不仅有其自身的庞大的行业，而且它们在其他很多行业中都得到广泛应用，在这一点上与前面的工具专业有相同之处。所不同的是信息、机械能使其他行业的能力得以增强，故称之为使能。如信息，几乎在社会的各个领域无孔不入。机械行业也离不开信息,而且通过信息技术的应用,机械的自动化程度、智能化程度、精密程度等都大大提高,机械企业的管理水平也大大提升。反过来,信息行业的生产工具和基本产品要靠机械制造出来。工业的其他行业都离不开机械。更有甚者,一些科学领域也离不开机械,如生命科学中的很多仪器,如基因测序仪,要依赖机械;天文望远镜也要依赖机械。

选择专业还有其他视角,不能一一介绍。总而言之,每个专业都是社会所需要的,无所谓好坏,关键取决于你的兴趣。某些同学可能说,他们对专业没有概念,无所谓兴趣。那么我建议,就凭感觉选择。选择之后,将来也不用后悔。大学学习,更重要的是能力培养。你学的所有知识都是形成你未来能力的积累,而不在乎你今后的工作中是否会用到它。所以,你现在选择学习某专业,不完全意味着你今后从事相应的职业。

不多说了,下面与大家交流讨论。谢谢大家!

(*2006 年 4 月 6 日在武汉华师一附中的演讲*)

我看基础教育

—— 一个高等教育工作者的视角

各位老师：

大家好！很荣幸有机会与大家交流。本来我不应该在这个会上演讲，因为会在我们学校召开，对主办者的邀请，盛情难却。也好，高等教育与基础教育是有联系的，难得有机会与中小学教育工作者一起讨论问题。我今天主要从一个高等教育工作者的视角谈谈对基础教育的看法。

一、基础教育的重要性不亚于高等教育

教育的重要性不用说，而基础教育的重要性至少不亚于高等教育的重要性。

首先，一个人在中小学阶段的成长在相当程度上决定了日后的素养。大家从多数人的成长可以看出，人的素养及在社会上的发展与中小学阶段的表现有很大的正相关性。因此，也可以说办好基础教育是提高国民平均素质的关键。

一个人的文化科学素养，除了学校学到的知识外，也取决于自学能力；而基础教育的好坏在相当程度上决定了一个人

自学能力的强弱。在中小学打好了基础，自学能力大大增强。在中学时期，中学生的自学能力对其日后的成长也起着重要作用。一个中学有好的教育氛围，学生的自学能力自然也比较强。

中小学教育对于人的公德、品性的形成起着最关键的作用，在这方面中小学教育比大学教育重要得多。我在大学里，就发现少数大学生不讲公德，大学生尚且如此，更不用说普通市民了。虽然大学不能推托责任，但主要问题还是出在我们的基础教育。

现在很多大学都重视人文素质教育；但对于人文素养的形成，显然中小学教育比大学教育更关键。有的没受过高等教育的人，其人文素养很高，甚至成为名家，原因是在中小学打好了基础，再加上自学；而在中小学没打好人文方面的基础，即使在大学恶补，虽然也有作用，但难以在人文方面有很高的修养。

基础教育一样是培养创新能力的关键。两年前，温总理看望钱学森时，钱老发感慨："为什么我们的学校总是培养不出杰出人才？"这就是著名的"钱学森之问"。创新能力不足是我国教育的一大缺憾，但这绝不仅仅是高等教育的问题，当今我国的基础教育在很大程度上制约了学生创新能力的形成。

从上述几个角度都可以说明基础教育实在太重要了。基础教育的好坏关系到能否培养出适合于国家现代化发展的、具有现代素质的国民，它真正事关中华崛起。

二、需要什么样的素养

中小学学生需要什么样的素养？文化知识，自不待言，那是基本手段，就不多言了。

学生需要人文情怀。人的意义、人的价值等等，虽然中小学学生难以深刻理解个中含义，但人文情怀绝对是从中小学就可以孕育的。可能多数中小学并未意识到这一点，以为那主要是大学的事。

需要创新意识。这是建设创新型国家的需要。学生的好奇心、动手能力、科普知识、观察能力等都是创新能力的基础。

公民意识很重要。这是建立现代化国家的需要。自由、民主、法制、秩序、纪律、责任感等都是现代国家公民应有的素养。

善于交流沟通，善与他人共处。这是情商的一部分，也是健全人格的一部分。与国外的孩子相比，中国的独生子女在这方面或许有天然的弱势。因此，学校更应该注意学生这方面素养的培养。

三、培养误区

对照中小学学生需要的素养，就能知道我们的基础教育存在的培养误区。附带也说说家长对孩子培养的误区。

误区之一是忽视公德教育。不得不承认我国公民所表现出的平均公德修养或文明程度还不够，恐怕中小学道德教育的缺失是最重要的原因。我们的基础教育中，尤其是中等教育中重视思想政治教育或者意识形态教育明显胜过公德教育,这是有问题的。公德是每一个人应该具备的起码的品德,忽视公德教育就等于是教育忽视了最基本的东西。没有这个基础,教育的整个意义就大打折扣了。

误区之二是应试教育,我们的中等教育尤甚。有人戏说我们是考试大国。我当然能理解中学校长们的苦衷,他们不是不理解应试教育的苦果,但大环境(上级对学校的考核,教师的利益,家长的希望,学生的前途)迫使他们不得不在应试的大潮中追逐。

误区之三是过于重视解题技巧,这也是应试教育的必然结果。其实对概念的深刻理解是更有用的。高考出题应该改革,不要导向中学生去解很多难题。

误区之四是教与学缺少足够的交流。老师重视知识灌输,不重视启发学生思维。学生提问都很少。

误区之五是基本封闭在学校甚至教室里。国外小学的老师常常带着学生到校外看看,完全关在学校里一定是有局限的。

误区之六乃是一味鼓励学生上重点学校。教育管理部门和校长把上重点大学的人数视为办学成功的指标,但家长和教师似乎都忽视了一种现象,即上最好的学校不是对每一个学生都有好处的。如北大、清华录取学生的最低分数可能高于某一普通重点大学的录取最高分,但是某普通重点大学毕业的那些优秀学生,却可能比北大、清华毕业的某些很一般的学生在社会上的发展要好得多。这就给人们一个提示,那些勉强进入北大、清华的学生，当初的选择就一定是明智的吗？

中国教育的误区不全在学校，老百姓的教育观也存在问题，当然国家基础教育的问题也催生了老百姓错误的教育观。家长的误区之一是让孩子尽早地多学知识。甚至在幼儿时期，一些家长就让孩子学习很多知识，如背很多诗。其实用处不大。即便小孩在特别的训练下表现出超常儿童的一面，长大了未必有大的作为。家长们的误区之二乃希望孩子全能。学钢琴、舞蹈、英语、美术等等，不管孩子的兴趣如何。孩子只是在家长的预期中学习，不会有太好的效果。

四、中小学可以做什么

尽管中国教育的大环境不是学校独自可以改变的，但学校也不能完全无所作为。哪怕有限的努力，突破一点点，也是有意义的。我下面谈几点看法。

需要一点玩耍教育，尤其在小学。殊不知玩耍也可以培养智力，智力不完全是书本知识衡量的。不夸张地说，对于小孩子而言，躲猫猫都是可以锻炼智力的。更有甚者，玩耍在培养其他能力方面有不可替代的作用。如玩耍需要与他人的协同，玩耍中也自然会形成领玩者。因此，玩耍无形之中可能锻炼孩子的协同力和领导力，或者说玩耍对于培养情商也是有好处的。

要重视情感教育，中小学里不能只是教学生一些文化科学知识。中小学生是形成健康情感的关键时期，一个缺乏健康情感的人日后的发展一定是不顺利的，甚至可能是悲剧的。现在大学生中有少数人就存在这方面的问题，如不顾及别人、不信任别人、封闭，严重的出现心理障碍。如果在中小学时期有好的引导，可能就不至于如此。到大学时期再扭转，非常困难。对中小学学生，要注意教育、引导（不能仅在课堂上）他们善良、有爱心、开放、善于与人相处。要让学生明白健康情感关乎他们一生的个人幸福和个人发展。

加强公民意识教育。只有让公民意识逐步成为学生的习惯，我们的教育才能算是成功的；而中小学时期对于一个人习惯的形成最为关键。公民的权利、责任、义务，中小学学生都应该有所认识。最基本的责任感体现在公德上，中小学显然应该加强公德教育。很多教育家都强调道德教育是教育的最高目的。中国传统文化中丰富而普世的道德思想，西方的自由、民主、人权等思想，现代生态伦理等等都应该是公德教育的很好内容。

引导学生把握好虚拟与现实。20世纪最伟大的发明之一是计算机及互联网，中小学生不可能逃离计算机及互联网的世界。网络已经构建了一个五彩缤纷的虚拟世界，它对中小学生有巨大的吸引力。既要引导学生利用网络学习一些课堂没有教的知识，又要教育学生避免某些不健康东西的侵蚀；既要通过网络了解和认知现实，又不要因为虚拟世界而隔膜现实世界。中小学教师可能还需要研究如何把虚拟手段用到现实的教学中。

中小学更需要研究教育学。现实中在大学里谈论教育改革可能要比中小学多一些，但我以为中小学更需要教育改革，而改革当然需要更多教师研究教育学。中小学学生较之大学生而言，自主学习能力要弱一些，因此基础教育的教学法就更显得重要。还有从心理学的角度，中小学生的心理可能比大学生更难把握一些，因此在中小学研究教育心理学可能比大学更有意义。教师要研究启发式教育，从孔子到苏格拉底都创导启发式教育。要让学生学会提问，敢于提问，让学生明白绝不会因为提问而被人耻笑。学生发问多，也便于老师掌握学生的疑点在哪里，从而讲解也会更有针对性。

把少量课堂延伸到社会中。中小学的课堂肯定应该基本在学校的教室里，但少量内容与社会关联紧的课堂，能否走出校园？如德育的内容，能否有几节课到社会上调研一下，观察一下公德缺失对社会的危害，而且还可以让学生自己讨论能为社会做点什么。这其实是一种体验学习，其学习的效果更佳。

教师需要再教育。中小学教师对学生的影响比大学教师对大学生的影响可能更大，因为大学生的思想相对成熟一些。不容否认，少数教师身上有不良习气，或者思想中有不健康的成分。如果任其传递给学生，幼小的心灵最容易受到玷污。因此要培训教师，使他们的言行符合教师规范。对教师另外一个意义上的再教育是进行教学法培训，即让教师学习先进的教学法。

别让义务教育变味。小学和初中是义务教育，但有些学校不能算真正的义务教育，如有的学校通过给学生补课变相收费。教育管理部门也应该督促学校及其教师，千万别在学生身上创收。

（2007年7月10日在中小学教师培训会上的演讲）

从教育生态看中学与大学教育

同学们好！老师好！

现在大家经常听到要建设创新型国家，这事关中华崛起。欲建设创新型国家，前提之一是要培养大批创新型人才，而人才培养基本上靠教育。对于国家而言，办好教育需要好的教育生态。我今天的演讲题目是"从教育生态看中学与大学教育"。

一、教育生态

生态学是生物学中的概念，它强调联系。什么是教育生态？哥伦比亚大学师范学院前院长克雷明于1976年提出："把各种教育机构与结构置入彼此联系中，以及与维持它们并受它们影响的更广泛的社会之间的联系中来加以审视。"这样的审视其实是对教育生态的审视。

讲教育生态，就有教育生态环境。它不仅涉及教育界，而且涉及政府和业界，国家的政治、经济、文化等都影响着教育生态环境。

好的生态环境一定保持着生物多样性。好的教育生态环境自然少不了教育的多样性。高等院校中包括综合性大学、理工科大学、面向行业的大学、职业院校等等，中等学校包括普通中学、中专、技校等等，这些都构成了教育的多样性。然而，我国教育界中也存在一种不好的风气，即趋同、求大。一些理工科大学想变成综合大学，一些职业院校也想升格为大学，中专和技校也都拼命想往上一个层次挤，这对于保持良好的教育多样性是不利的。教育生态环境中的多样性还体现在学生的个性化，好的教育生态环境应该有利于学生自由发展。

存在教育生态链。不同层次的教育构成一个生态链，如幼儿教育—小学—中学—高等院校形成一个链；学校与相关环境构成一个链，如家庭—学校—社会（业界）；一个学校内部的学科也构成学科生态链，只不过学科之间的链不是串行的，而是交织在一起的。

一所学校的主要生态要素有哪些？

其一，校长的内在理想。一个学校的办学方向很大程度上取决于校长的教育内在理想，这是一所学校很关键的教育生态要素。

其二，与社会的关系。与社会的关系如何，往往能衡量一所学校对社会的贡献率，也在一定程度上表明她从社会获取资源的能力，还表明这所学校的活力。

其三，内部管理制度。制度体现一所学校的管理水平。通常而言，靠制度管理总是比人治更有序，学生在其中也更容易规范自己的活动。

其四，自我教育环境。给学生提供一个好的自我教育环境，也是学校的教育氛围。氛围是无形的，一般看不到，但是身在其中，则能慢慢得到熏陶。譬如说，学校的创新教育氛围好，学生在其中，自发地组织或参加某个创新团队；又如，学校有好的人文教育氛围，学生在其中很容易得到人文熏陶，这都是自我教育的环境。

其五，教师与学生成分。通常好大学有好的教师与好的学生，因此教师与学生的成分自然也成了学校的重要生态要素。

最后，政府支持度。虽然中国的学校差不多都是公立的，但政府的支持度差别很大。如大学中有重点与普通大学之分，重点大学中有"985"和"211"之分，国家的支持都不一样。对于学校而言，政府的支持力度大，肯定有利于学校构建良好的教育生态环境。

当前中学和大学教育共性的生态问题。后面还会分别讲到中学和大学的教育生态，这里先讲讲共性的问题。

首先，政府对构建教育生态的目的认识不够。国家只是强调把学生培养成社会主义事业的接班人，实际上是把学生培养成社会主义建设的工具，这是不够的。马克思都强调人的自由发展，人的自由发展应该成为教育的最高目的。

其次，政府对教育生态繁荣的本质认识不够。生物多样性是生态繁荣的基本要素，政府对办学的过多干预使教育呈现大一统和模式化的现象。前面提到教育多样性也表现在学生的个性化。教育目的的简单化事实上也导致教育的模式化，在一定的程度上扼杀学生的个性。这都说明我们对教育生态繁荣的本质认识不够。

最后，教育生态环境中同时存在欠养分和过养分情况。一方面，公德教育和公民教育的养分不够。无论从个人的成长还是国家现代化的需要，公民意识和公德都是极其需要的，这也是我国社会相对欠缺的。不改变这种情况，影响社会和谐，也影响国家现代化进程；而改变这种状态主要依靠教育。当前我们的教育生态环境中不能说完全没有公民意识和公德方面的养分，但是太少。而另一方面，意识形态教育则呈现过养分的状态。

二、当前中等教育生态的主要问题

当前中等教育生态的主要问题是什么？

大家都知道应试教育在中学表现特别明显。像武汉外校这样的重点中学也在试图努力改变这种现状，但因为大环境，不可能有根本改变。

知识面窄，这是应试教育的必然结果，因为学生和教师的主要精力都不得不放在应对考试上。文理分家算是把应试教育推到极致。

对社会了解太少。对社会存在的主要问题，多少应有粗浅的认识。像能源环境等问题还可以培养学生对科技的兴趣，社会不公平问题或许能够激发学生的社会抱负。每一位同学终将走向社会，不能等到工作后再了解社会，否则会有很多不适应。

自我教育不够。大概也是应试教育抑制了学生的主动性、好奇心、兴趣等,学生表现出的自教育能力不够。好奇心和兴趣可以驱使学生自己去补充学习一些知识,那对自己创新能力的培养是非常有好处的。

情感教育薄弱。任何一个有益于社会的人都需要健康的情感。今天社会中频频出现的道德滑坡现象,就是部分人丧失了健康情感。如果说学校是育人的地方,而情感教育又很薄弱,至少会导致少数学生孕育在缺乏情感的怪胎中。

家庭教育观有问题。中等教育存在的诸多问题,不能全怪学校。中国多数家庭对孩子的教育观都存在误区,如一味地逼孩子要考好大学,逼孩子过度学习,等等。

中学与大学的联系太少。这一点是颇有些奇怪的。按理说,中学都希望学生能上大学并且上好大学,为什么中学和大学的主动联系那么少?大学与中学有主动联系,但主要是基于对优质生源的兴趣。其实,中、高等教育是不能完全割裂的,中学和大学应该有更多的联系,甚至在如何进行教育改革方面都可以有某种了解和沟通。

三、大学教育生态

大学教育生态的主要问题

除了共性问题外,当前大学教育生态还存在好多问题。

第一,存在学科壁垒现象。与中学不一样的是,大学分科较细。不同的学科处在不同的行政系统(院系)中;但是不同学科往往是有许多关联的,如医学与工程,现代医学的进步都离不开工程技术的应用。在现代医院随便看看，到处可见工程技术的魔力，如核磁共振成像、微创手术等。大学中不同学科所分处的行政系统形成了学科中的壁垒。无论从教学还是科研角度，这种现象都是不利的。

第二，研究与教学的分离。好的大学都非常重视研究，但很多研究型大学都存在研究与教学分离的现象。分离主要表现在两方面：一是研究资源用于教学的很少，如研究实验室多半未用于教学，研究进展少有反映到教学中的；二是研究能力强的教师远离了课堂，那些教师忙于研究，学校给他们安排的课就少得多。这对于学生是很不利的，因为学生接触优秀教师的机会少了。

第三，与业界关系弱化。有些大学片面强调文章，致使教师疏离与业界的合作，因为业界的课题更强调应用，教师担心应用难出高水平文章。另一方面，现在大学内部工程实训基地条件大为改善，使得很多学校减少了让学生到企业去的机会（部分也是基于成本的考虑）。对于应用学科而言，与业界关系的弱化绝对影响人才的培养质量。

第四，欠缺真正的"以学生为本"的理念。真正的"以学生为本"不只是生活上对学生的关心，而主要表现在教育理念上。通常大学中推行的是"以教师为中心的教育"，即教师教什么，学生学什么，学生似乎是教育流水线上的产品。真正的"以学生为本"的教育是"以学生为中心的教育"，即注重开发学生的潜能，让学生自由发展。

第五，校长难以实现真正富于理想的教育。前述教育生态要素之一是校长的教育内在理想。当前，因为大的教育生态环境的原因，很多校长的办学理念实质上（尽管有时候宣称的不一样）是指标驱动，学校管理层（包括主要领导）官气太重，校园中为世俗文化所侵蚀。即便有少数校长怀有教育的内在理想，因为大环境的原因，也难以实现。

第六，软环境不够。对于教育生态环境而言，学校的软环境也很重要。软环境包括大学精神，人文环境，社团氛围，软能力（对业界的影响能力、对社会和业界的贡献力、影响业界的能力环境）等。

大学构建良好的教育生态——案例：华中科技大学

尽管大的教育生态环境有问题，但毕竟还是有些好的大学能在有限的约束下尽可能地构建一个好的教育生态，这里以华中科技大学为例（因为我对她最了解）。有领导把华中科技大学称为中国最有活力的大学之一，称其为"新中国高等教育的缩影"，正是说明华中科技大学有其特别的地方。

教育的内在理想。尽管很多高校表现出浮躁的一面，但华中科技大学致力于建设其精神价值系统。她把转移知识作为自己的使命之一（其他还有传播知识、扩展知识、保存知识），而且知识的转移是双向的（大学—社会和业界、社会和业界—大学），学校推行真正的开放式教育（包括社会服务、知识转移等都是开放的一部分）。她把对学生的大爱化作对学生生命意义和生存价值的尊重,真正落实在教育理念层次上,她正准备推行"以学生为中心"的教育。

大学精神。目前虽然没有正式的说法,我建议为"独立,自由,责任"。大学要有独立的"格",不为社会浮躁之风所左右,不轻易为权力所左右。自由即自由表达,包含学术自由。责任包含大学应该承载的社会责任(培养人、社会服务等),也包含培养大学生的社会责任感。

学校精神风貌:"敢于竞争,善于转化。"

与业界的广泛联系。这已经成为学校的传统,学校与一些企业如武钢、三一等有深度的合作,还与一些公司如富士康、微软、IBM、西门子等也有不同程度的联系。

多学科交叉。为打破学科壁垒,学校组建了若干平台。如创新研究院提供条件使多学科学生为某一课题进行协同研究提供条件;依托多个学院建设武汉光电国家实验室,该实验室是科技部批准筹建的六个国家实验室之一。

构建主动学习和自我教育的环境。对于优秀学生而言,主动学习和自我教育的环境尤为重要。学校正在准备建设"启明学院"(基本条件准备就绪),为不同学科、不同院系的本科生提供特殊条件,使他们能更好地主动学习与主动实践,使不同学科的学生更方便地交流,使学生有更多地接触社会和业界的机会。构建这样的环境,实质上是挑战传统的教育模式。其一是挑战传统的人才观,不以分数论英雄,强调创新能力培养;其二是挑战教育的目的,即为了让学生自由发展,而不是仅停留在使学生成为学校定格的模式化人才；其三是挑战高等教育生态，这本身就是准备改变学校的教育生态，尽管开始是局限在小范围。此外，这也是学校把研究资源融入到本科教育中的努力。

人文文化环境，这是教育生态环境的一个重要方面。这所学校从上世纪90年代初就开始重视人文素质教育，已经在国内产生重大影响。我们一位教授把这种环境喻为泡菜坛子，学生在这个环境里几年，自然会被泡出好的人文"味道"。

当前环境下，中学有多大的空间改善自己的教育生态

在当前环境下，指望一所中学完全脱离应试教育的樊篱是不现实的，但不等于说中学完全无所作为。中学可以有自己的理想，做一点自己想做的事情。

首先，要做好家长和教师的工作。让他们理解应试的害处，理解稍微脱离应试樊篱对学生的长远发展是有好处的，也要让他们理解拼命让学生考尽可能好的大学也是没意义的。包括下面讲的，首先要让家长和教师明白其道理，这样才能真正在学校里形成好的氛围。而且，这本身就是一所中学教育生态环境的一部分。

其次，注重能力教育。高考肯定是需要应对的，但是对于一些好的中学来讲，可以多花点工夫在能力教育上。因为重点中学学生的成绩很好，考大学不会有问题。当然，有人担心这会使考上北大和清华的人数少了。我认为大家可以少一点担

心,一是今后自主招生,一些好大学也会改变其招生方式;二是上北大清华的人即使少了,也没那么可怕。我说过,拼命让孩子上尽可能好的大学未必是好事。重点中学学生的接受能力肯定比较强,对他们进行创新能力培养也不费劲,对他们学习成绩的影响也不大。还可以对他们进行软能力培养,如交流沟通能力、观察力、协同力、领导力等。至于具体如何培养学生的创新能力和软能力,只要学校决策朝这个方向走,教师和学生都可以发挥他们的想象力和创造力,一定会有好的举措。

第三,给一点玩耍的时间。一天到晚读书肯定就把书读死了,需要一点玩耍。玩耍也包括体育活动之外的内容。玩耍对身体有好处,尤其是体育活动。适当的玩耍有利于提高读书的效率。人们往往忽视的是,很多玩耍也有益于智力。此外,玩耍也有利于培养学生与人交往的能力乃至情商。当然,需要学生注意的是要适度,尤其像网络游戏之类,千万不能沉迷于其中。

第四,养成独处习惯。虽然我们提倡学生善与人交流,但另一方面也要善于独处。大凡成大才者一定能很好地独处。在独处时,可以自己学点感兴趣的、有意义的东西,也可以思考很多问题,去悟一些自己在各种场合观察的事物,去反省自己言行等,都是非常有价值的。善于独处是精神生活丰富的表现,有意识地养成自己独处习惯也是培养高贵的最好方法。

第五,重视情感教育。健康的情感是人立于世之必备条件,不可想象缺乏健康情感的人在社会上能有好的发展,除非极少数天才。重视情感教育首先需要教师对学生的情感,教师怀着对学生的情感，其感化的力量就大得多。另外，要引导学生对社会、国家、家庭的健康情感。情感教育不能仅指望课堂的知识灌输，要把情感教育寓于平常的活动中，寓于教师与学生之间的亦师亦友的交流之中。还有，要让学生多一些情感体验。同学之间多交流，自然会体验到情感；到社会中了解一下弱势群体的状况则是更好的情感体验。

第六，建立优秀学生的特殊教育试验田。如果说因为大的教育生态环境一所中学很难独自推行不应试的教育，但在少数优秀学生中建立小范围的试验田是完全可能的。他们可以像其他学生一样在课堂上学习必要的基础知识，不过基础知识学习的学时可以略少一些，因为他们的接受能力更强。对他们的特别之处主要是减少为应试而受到的困扰，而学校和学生自己可以在充分发掘潜能方面花更多的精力。在这样的环境下，学生的好奇心、想象力、创造力得到充分发掘。

最后，声誉策划。现实的问题是，如果好学生进不了好大学，一则影响中学声誉，二则影响今后的生源，这都是中学校长不愿看到的。为避免此种情况，中学可考虑与若干名大学建立良好的关系，争取特殊录取政策（华中大愿联手），这样好学生进好大学的渠道是畅通的。中学可以考虑与大学联手跟踪那些优秀学生的成才之路，甚至只需要十年功夫就可以显示出创新模式的教育之效果，如此也可以提高中学的声誉。中学不妨以试验田争取更好的生源，一些学生和家长认识到创新教育的意义与价值后，中学对优秀学生的吸引力更进一步增强。此外，中学可以试验田影响学校的整个生态环境，取得初步效果后逐步在学校推广。

今天就讲到这里，谢谢大家！

（2007年12月28日在武汉外语学校的演讲）

敢于竞争　善于转化

各位同学：

晚上好！

昨天，学校有同志告诉我，有关机构公布了2008中国大学排行榜，我校的名次较以往下降了一名，此事引起广大同学的高度关注，成为白云黄鹤BBS论坛热议的话题。我打开网络看了一下，看后我很感慨。大家这么关心学校的发展，你们实在太可爱了。但是，我想，你们知道的问题比我所知道的问题少得多。正好借今天这个机会，向同学们讲一讲我们学校存在的问题以及面临的困难。我坦诚地告诉大家，今天我所讲的还不是所有的问题和困难，只是主要的。

面对这些问题和困难，我们有没有信心？有。那么，接下来我要告诉同学们，我们的信心在哪里。最后，我还要告诉同学们，我们正在低调奋进。

一、存在的问题与面临的困难

（一）存在的问题

同学们，对于网上报道的大学排名，刚才欧阳书记讲了，广东的一家研究机构把我们学校排到了第八，中国科技大学排到第七了，超过了我们。对此，同学们忧心忡忡。但是，我要说，这个排名对于我们来说并不重要，还有远比这严重得多的问题。另外一个问题是关于我校获得的国家科技奖太少的问题，同学们对此很敏感，我认为这是对的。的的确确，我们学校所得到的科技奖项连续有几年不能令人满意。我也已经不止一次地在学校向干部和教师呼吁，我们要思考，为什么会出现这样的局面？下面，我再给大家讲一些大家不是很清楚的情况。

1. 人才问题

在人才方面，我们存在严重的问题，这个问题不是今天才有的。今天我们面临人才问题，是因为这些年国内有些学校在吸引人才方面力度特别大，速度特别快。比如说上海交大，最近十来年，他们在吸引人才，尤其是海外人才方面，速度之快令人难以想象。又比如像浙大、中科大这些学校，应该说都比我们好。整体上讲，我们在人才方面跟他们比起来，问题的确是非常严峻的。我举个例子，大概在五年前，一般认为，上海交大的机械学科是不如我们的。但是，最近这些年他们吸引了很多人才，包括海外的、国内的。这样一来，他们的情况就有了很大的改观。由于引进了一批四十岁左右的人才，立竿见影的效果是他们的自然科学基金数目一下子就上去了。所以，在最近几年机械学科的排名中，他们都排在我们前面。

人才方面，我可以从以下几个分量很重的指标来进行比较：

一是院士的数目。在院士的数目上，我们还不能跟上海交大、浙大比，因为跟这些学校比，我们有明显的差距。我可以告诉大家，大概最近五年来，地理位置上跟我们临近的中南大学增加了五位院士。所谓增加，是指这些院士是由这所学校自己培养出来的，不是引进过来的。我们学校只有两位。四川大学也是五位，其中他们的医科（湘雅医学院和华西医学院）都增加了院士，而我们的医科到目前都还没有。

同学们，在你们心目中，你们肯定认为这些学校比我们差，但我不这样认为。清华、北大，我们不去跟他们比；交大、浙大，跟他们比，我们也要差一些。跟中南、川大这样的大学比，我们也在某些方面存在差距，这肯定是你们不愿意看到的。但是，这是事实，我非常清楚。

二是长江学者的数目。跟交大、浙大比，我们也有差距，并且差距还是比较明显的。

三是863专家数。我曾经是国家863专家组的成员。当时，东南大学在863专家组的成员有七个，我们只有三个。今天，我们只剩一个了。与这些在大家心目中和我们差不多的学校比起来，这样的数据比较也说明某些问题。

此外，还有杰出青年基金获得者、创新团队的数目等等，相比起来，我们都还有不小的差距。总之，在人才方面我们的差距是全面的。

面对这样的状况，我告诉大家，我从来没有一天因为别人将我们排名比较靠前而沾沾自喜过。学校发展最重要的是人才，教师队伍中的人才决定了我们这支队伍的实力，也决定了我们今后的发展。面对这样的状况，我和学校的领导班子都心急如焚。

2. 百篇优秀博士论文问题

我们学校已经连续几年没有一篇百篇优秀博士论文，而四川大学去年一年就有四篇。

3. 国家重大专项问题

有一些体现学校实力的国家级重大专项，如国家下一步要推进的"大飞机"项目，我们恐怕很难沾上边，大不了在项目的外围，看我们能不能做一些事情。也许同学们可以谅解，因为我们没有航空专业。但是，我认为，在"大飞机"项目上，并非一定要有航空专业你才能切入进去。"大飞机"项目涉及的领域很广，比如说，材料一定是其中一个重要的环节，但是我们在这一方面显然没有优势。再比如月球车项目，哈工大就切入进去了。其实，就在这一点上，前几年哈工大和我们的差别还不大。当然，他们有传统优势，与军工和航空航天关系比较密切。总而言之，目前在国家重大的有影响的领域，很少能听到我们的声音。

4. 自然科学基金的重点项目数问题

我们的项目数不少，但重点项目数我们排不进前十名。重点项目数也是反映学校科研质量的重要指标，水平高的学校，承担的重点项目应该多一些。应该说，我们在高质量的科研方面做得还不够好。

5. 重大科技奖项问题

最近几年，我们获得的国家重大科技奖项甚至还不如前华中理工大学多。而距离我们很近的中南大学就获得过国家技术发明奖一等奖，去年又获得科技进步奖一等奖。至于其他的学校，大家都看得到，清华大学去年获奖的项目有17项。我们呢？只有3项，而且还不全是由我们牵头的。这显然不能令人满意。

6. 研究生生源问题

我们本科生的生源应该是不错的，这得益于我们学校总的声誉较好；而我们研究生的生源来自"985"院校比较少。我并不是说来自普通高校的本科毕业生就一定比别人差，但是，我们要思考这样一个问题，总体来讲，我们的研究生来源不都是一流大学，这说明了什么？说明我们在研究生教育的起始阶段就比别人差了一截。我们的研究生来自像交大、浙大、哈工大这样的"985"名校的也相当少，更别说清华的本科毕业生来我校读研究生了，那是稀缺资源，少之又少。

7. 本科教学质量问题

我认为，我们的学风总体上是好的。但是我一直在想，我们曾有的"学在华中大"的美誉，在今天来看，是不是有一点名不副实？我心里有很大的疑问。我在BBS上看到一个人发帖子说："什么'学在华中大'？那是你们自己在陶醉，充其量你们在武汉地区而已。看看人家中科大，人家玩命学习，到了中科大你才知道学在哪里。"我相信他说的。近两年，我们就一直在号召建设"一流本科，一流教学"，我们意识到，我们的教风学风还存在一些问题，这也是为什么我们在去年本科教学评估之后，仍在继续推进"一流教学，一流本科"的原因。同学们心里可能更清楚，也许跟某些院校比，我们现在还不错，但我们不能因此而悠然自得，自我陶醉，我们为什么不能做得更好呢？当然，要提高本科教学质量，需要我们全校的师生员工共同努力。

8. 服务质量问题

我对我们学校的服务质量是清楚的，尤其是在为同学们学习和生活的服务上，质量还存在不令人满意的地方，其中涉及一些职能部门和后勤服务部门。

9. 干部、教师的工作作风问题

我们干部的作风、教师的作风，至少在一定程度上存在退化。我们似乎在慢慢地丢弃学校的优良传统。我们总是讲，绝大多数干部和教师是好的。但是，不能否认，某一些干部、教师的作风不仅不过硬，而且还存在一些问题。有问题不要紧，如果我们校园的良好风气能形成一股强大气势的话，在这样的氛围中，我相信，不正之风是难以立足的。现在的问题是，我们认为是不好的东西，某些人却不以为然。社会上的一些不正之风正在侵蚀我们的学校。

(二) 面临的困难

1. 缺少国家大力度的支持

我们国家推行了促进大学发展的"985工程"和"211工

程"。"985工程"一共支持30多所大学，我们得到的支持属于中下等。每年这些学校从教育部得到的经费，清华、北大各18个亿，交大、浙大各6个亿。交大、浙大除了教育部给他们的6个亿，地方政府又给他们配套6个亿，一共12个亿。我们只有3个亿。上海第二医科大学合并到交大之前，以工科为主的上海交大，其规模比我们小多了，即使现在，规模依然不如我们，而他们有12个亿，我们只有3个亿。还有复旦、南大、东南大，这些都是12个亿的水平。连和我们同处一地的武大也有4亿多。同学们可能不服气，那是因为合并之前，武大、武测、水利电力大学三个都是"211工程"院校，我们合并时只有一个"211工程"大学。总而言之，我们从国家获得的经费支持是偏少的。

2. 缺少地方政府强有力的支持

地方政府的支持很重要。中山大学和我们一样从教育部拿到的经费只有3亿，但广东省政府、广州市政府给她9亿，她就有了12亿。应该说，湖北省政府、武汉市政府给我们的支持还是很大的，但由于过去几年区域经济不活跃，"巧妇难为无米之炊"，我们也得体谅。之所以上海交大能在短短几年的时间内，吸引人才的力度那么大，我想这与地方政府的支持有很大的关系。在政府的科技项目方面，上海市科委掌握的科技经费大概是湖北省科技厅的十倍。元旦前夕，我到上海交大开会，他们的机械学院院长告诉我，前几天他和党委书记一起去找市长，表示想切入"大飞机"项目，希望政府支持他们3000

万，结果上海市决定给他们1个亿的研究经费。

3. 财政收入紧张

我跟大家谈一谈学校的财政收入状况。2005年有一项统计，我校人均财政经费在教育部直属的70多所高校中排第47位，而我们教职工的人均收入排名第17位。我们的财政在其他方面可以紧缩，但教师的收入不能太低，否则他们就不会留在我们学校了。那是有人说，我们是用人均第47的财政收入，支撑着人均收入第17位的全校教职工，还要力争学校排名第七的综合实力，谈何容易啊？

4. 所处区域的经济不活跃

地处浙江、上海、广东的高校，不仅有政府的支持，还有企业的支持。但是，在我们湖北就比较难。周济同志担任校长时，提出"育人为本，教学、科研、产业协调发展"的办学理念，并提出立足于"两湖两广，江河海港"、"以服务求支持，以贡献求发展"，为区域经济建设服务的发展思路。我们在沿海等地的拓展取得了很大成效，但毕竟在湖北省得到的项目支持比较少。

5. 地域劣势对人才的影响。

有时候我们也很无奈。我感到奇怪的是：对于做学问，为什么都强调要在大都市？在美国，没听说一定要去华盛顿、纽约的。很多名校就在偏远的地方，就像关山口，这是做学问的好地方。但有些人就是不搭理你，比如说，海外回国人员到这里来工作，男士动心了，女士坚决不同意，有时候就因为这个原因最终没有来。还有少数男士很坚定地来了，但还得和女士两地分居。所以说，地域劣势对人才的影响是我们必须要面临的问题。

6. 政治影响不够

相对于那些名校而言，华中科技大学的政治影响力是很弱的。我们学校整体政治影响力弱，那会有什么影响？影响就是我们难以争取到各方面的支持。

7. 社会捐助少

和其他一些名校比较，一方面，我们从中央和地方政府争取到的经费支持比他们少；另一方面，由于这些名校的历史长，一些老校友的经济实力强，社会影响大，他们得到的社会捐助比我们多。这两项收入相加，再与我们比，我们的情况就可想而知了。

8. 基础建设欠账多

这些年，我们在快速发展的过程中，在学校建设方面也存在着一些"欠账"。我说的"帐"不是指钱，而是一些应该做的事还没有做，该建成的大楼还没有建成。比较典型的是我们的行政办公大楼。英国诺丁汉大学校长杨福家访问我校时，参观我的办公室还拍了照片，他将照片寄给温家宝总理，同时寄去的还有一张某政府部门副处级干部的办公室照片，和我的办公室对比了一下。你们可能会想，我是不是在"作秀"？我明明白白地告诉大家，我是不主张这样的，这样与时代发展不合拍，或多或少会对学校的形象有影响。国外名校校长、国内企业大老板来访,我没有办法在办公室接待他们。我访问国外大学时,校长是在办公室里接待我,我很高兴。可是,我没有办法在办公室里接待他们。我并不希望这样,我希望办公条件能够得到改善。但是,为什么没有得到改善呢?因为我们发展的压力太大,实在顾不过来。

二、我们的信心在哪里?

前面我讲了问题,也讲了困难,困难也是问题。我想告诉大家,我和我的同事们,也就是学校的整个领导班子,正在信心百倍地把华中科技大学逐步建设成为世界知名高水平大学,这个信心没有变。那么,我们的信心在哪里呢?

(一)知道问题就知道了努力的方向

我们的信心首先在于,我们知道问题所在,知道问题就知道了努力的方向。我们这个领导班子有强烈的忧患意识和危机意识,对存在的问题知道得非常清楚。我们只有知道了问题所在,才能在解决问题上采取针对性的措施,才能取得更好的进展。如果找不到问题,你甚至就没有解决问题的欲望。

(二)问题就是机遇

我跟我们的干部和老师就是这样说的,问题就是机遇。因为我们知道了问题的所在,我们就知道了自己努力的方向。事物总是在不断地发现问题和解决问题中发展的。别的事例我们暂且不说,一部华中科技大学的发展史就足以说明这个问题,因为在我们的传统中，我们可以把问题转化成机遇。

（三）毕竟我们还有诸多优势

我们的信心还建立在我们所拥有的诸多优势上：

1. 国家级的平台

对此，大家应该比较熟悉。光电国家实验室和国家重大科学基础设施——脉冲强磁场就落户在我们学校。大家不要小看这个，这两者对于你们心目中排名前十的学校来说也是梦寐以求的。有好些名校甚至连其中的一个都没有，更别说两者皆而有之了。这种国家级的大平台对于我们学校的发展，可以说是里程碑式的大事。当然，我们现在还看不出它们的效果，只有在若干年后才能看出。

2. 自然科学基金项目数

前面说到，我们的自然科学基金的重大项目数没有进入前十名，2007年我们大概是排在第十一名。但是话讲回来，我们学校自然科学基金项目的总数持续多年都排在第五名左右。获得的自然科学基金项目总数毕竟也能够在相当程度上反映一个学校的科研实力。自然科学基金资助的是在基础前沿的研究，不是应用方面的。在基础前沿的研究方面，北大、南大、复旦、中科大等，他们都有一定的优势，因为他们更专注于基础前沿研究。我们学校的办学方略是"应用领先，基础突破，协调发展"，我们的强势体现在应用方面。我们能够在自然科学基金项目的总数上多年保持在第五名左右，还是反映出了学校的实力。

3. 新增重点学科数

在去年的重点学科评审中，我校新增重点学科的数目在全国高校中排第三。

4. 人才工作的努力初见端倪

我们在人才工作方面的确面临严峻的问题，但是，这两年我们在这方面的努力已初见端倪。我可以告诉大家几个数据：前年，我校新增长江学者的数目在全国高校中排第四位，去年我们排在第二位。可见，我们在人才工作方面的努力已经初见成效，这也是我们发展的信心所在的一个方面。但是，我依然要承认，我们在人才工作方面仍然面临严重的问题。

5. 社会服务赢得了回报

我们还得到了来自社会的支持。比如说，东莞市政府拿出1.2亿与我们合作在东莞市建立先进制造技术研究院。这是我们在逆境中拼搏的结果。

6. 学风的相对优势

比较而言，我们的学风也还是有好的、积极的一面。最近，我随机地到西十二楼的两个课堂听课，一次是《概率统计》，另一次是《思想道德修养》，完全是随机的。听完后，我感觉很好。整个教室都坐满了，绝大多数同学在认真听课，并与老师有交流，只有少数同学自己在看别的书，没有私下讲话的。因为我听课是随机找的教室，所以我看到的情况应该是真实的，这比我原先预想的情况要好。

7. 创新教育蔚然成风

我们学校创新教育的氛围基本上建立起来了。联创团队代表中国参加微软"创新杯"全球总决赛，陈志峰获得IT挑战个人项目全球第一名，我校选手在"挑战杯"课外科技作品竞赛上勇夺"优胜杯"，创造了近年来的最好成绩，不能说这不是我们的成绩。还有一些具体的例子，我就不一一道来。所以说，尽管我们还面临很多问题和困难，但我们对这所学校一定要有信心，也应该要有信心。

（四）"敢于竞争，善于转化"的伟大传统

我们有信心不仅因为我们已经取得的优势，而且还在于我们有一个伟大的传统，那就是"敢于竞争，善于转化"。知道这个传统的请举手。从刚才大家举手的情况看，知道这个传统的同学太少了，我感到很遗憾，因为我们没有做到把这么一个伟大的传统宣传到让广大师生尽人皆知。

我希望我们学生口、所有的辅导员都要向全体同学们宣传这个伟大的传统。"敢于竞争，善于转化"是当年九思同志提出来的。那时候，华中工学院在中国的地位不算什么，没有进入名校之列。但是，九思同志有一股"敢于竞争"的精神，敢于去和那些名校竞争，敢于去做自己没有做的事情，敢于去做别人不敢做的事情。这不是豪言壮语，因为九思同志有策略，也有办法。他善于把困难变成机遇，把问题变成机遇，把劣势转化成优势。于是，这种精神就成为华中工学院的传统，并

且，我们将它一直延续到今天。正因为有这样的传统，所以我才可以告诉大家，为什么我们在资源极其缺乏的情况下，还敢于和别人竞争，还能够跻身于名校之列。

（五）团队精神

我们还有很好的团队精神。我举一个例子，以前我们有一位长江学者，因为很出色，后来被别的学校"挖"走了。但是，最近他准备回来。为什么呢？因为他认为，虽然在学科排名上别人排在我们前面，但是他们缺乏像我们一样的好传统。简单地说，就是他们的教授都很能干，平均水平比我们高，但是难以形成团队。我们可以做出他们做不出来的东西，因为我们有好的团队精神。大家知道，要做出大的成绩，没有团队精神是不行的。

（六）准确的发展定位

我们之所以有信心，还在于我们对学校的发展定位是准确的。学校的党委常委经过反复的讨论，对学校的战略目标、发展方向、举措等，都有系统的思考，并且作出了切合实际的定位。我想，这也是我们的信心所在。如果有机会，我也愿意跟大家讲讲我们的战略思考。

三、我们在低调奋进

我要告诉大家的是，我们正在低调奋进。

1. 把注意力从规模发展转移到更加注重提高质量上来

2005年我就任校长时就谈到过，要把注意力从规模发展转移到更加注重提高质量上面来。对于这件事,一直到现在我们都在强调。元旦之前,我要求几个职能部门去了解情况,这个学期,我们还要举行一个研讨会,进一步研究怎么提高我们的质量,提升我们的水平。

2. 不仅要保证教学质量,还要提高研究质量

作为一个研究型大学,体现我们研究水平的当然是科学研究的质量。无论是教学质量还是科研质量,都是我们的工作重点。去年,我们在暑期工作会议上提出要"办尽可能好的教育",主要思想就是要全面提高办学质量。

3. 改变科学研究的政策导向

前些年,我们教师的津贴是和他的研究经费挂钩的。我们不能说以前这样的政策是错的,在一定时期内,这种政策还是起到了积极的作用。但是,这种政策一成不变地延续下去就会出问题,就会导致我们的教师片面追求研究的数量,而忽视研究的质量。所以,我们正准备从政策上改变科学研究的导向,引导教师不要去单纯追求数量。

4. 继续加大平台建设的力度

我们还要继续抓好国家大平台的建设。前面提到过,两个国家级大平台在我校的设立是我们学校发展过程中里程碑式的大事,其意义是非凡的。它不但对工科的发展有带动作用,对理科和医科的发展也有很大帮助。例如,强磁场平台涉及的领域就很广,物理学家、材料学家、化学家、生命科学家等,都可以在上面做实验和开展科研工作。所以,我们心目中的华中

科技大学不仅仅是工科、医科强势,也希望尽快能够做到理科发展成为强势学科,我们也希望今后文科和其他学科也能发展成强势学科。

5. 学科整合,适应行业发展

我们现在正在进行某些学科的整合工作。去年,我们把激光研究院和光电系整合后成立光电学院,现在又将光电学院与光电国家实验室作了一定程度的整合。我们还在准备成立船舶与海洋工程学院。之所以进行这样的整合,是因为我们看到了未来的需求。有专家认为,21世纪是海洋的世纪,船舶与海洋工程不仅在军事上有需求,在海洋开发方面也有更多的需求。我们怎么去适应这样的需求?这就是我们要进行整合的原因。尽管我们今天所实施的整合,不是三五年就能看出成效,而是需要相当长的时间。但是,为了学校明天的发展,类似的学科整合,我们要去做。

6. 认真规划下一期"985工程"建设

最近,我们已经布置了下一期的"985"建设的新思路。我们的新思路是:希望通过孕育大课题、通过多学科交叉去进行平台建设,尤其强调基于大课题的多学科交叉,尤其强调带动理科的发展。学校的发展不能总是在工科和医科上,我们的理科需要尽快地强势起来,理科的强势,必将进一步推动工科和医科的发展,这是必然的。这也是好的学科生态所必需的。我们也正准备动员大家进一步讨论,我校的人文社科下一步如何发展?

7. 推进"一流教学,一流本科"建设

去年以来,我们加大了这方面工作的推进力度。我知道,我们的本科教育中还存在这样或那样的问题,这需要我们认真地去解决。我们努力推进"一流教学,一流本科"建设,就是为了"办尽可能好的教育",让同学们接受"尽可能的教育"。前几天,学校已经下发了《华中科技大学关于加强一流教学、一流本科建设的行动计划》的文件。

8. 开办创新教育的试验田

这项工作已经在本科生和研究生中开展起来了。我们将新成立两个机构,一个是促进本科生创新教育的学院,另一个是促进研究生创新研究的研究院。这个试验田不是对现行教学体制的颠覆,而是一种补充,一种非常重要的补充。基本思路是:首先,对于一些非常优秀的学生,鼓励以学生为中心的学习。大家想一想,同学们现在的学习大多是以教师为中心的学习,不管是上课或是实践,都是这样的。其次,我们要最大限度地挖掘学生的潜能。我们认为,同学们潜在的能力其实是很大的,我们需要建立一种机制,设立一个平台,对你们的潜能进行深层次的挖掘。第三,是多学科交叉。在这个特殊学院里,有来自不同学科的学生,大家可以在一起交流,我认为这种多学科交叉是拓宽学生知识面的最好的办法。现在有很多教师认为,拓宽学生知识面就是要学生们多学一些其他专业的课程。我认为这不是最好的办法,最好的办法是把同学们放在一个多学科交叉的氛围中去。第四,我们会把相当的研究资源配置到本科生教育当中去。

同学们,为了"办尽可能好的教育",我们在思考,在踏踏实实地推进。我们打算建相应的楼房,给大家提供相应的场地。这些对于我们的排名是不会有任何作用的,没有哪一个排名会考虑这样的事情。但是同学们,请你们告诉我,这样的事情我们该不该做?我认为,试验的效果是在多年之后才能显现的,十年之后,大家不妨再回头看一看。我想它的意义体现在两个方面:一方面,我们的很多做法实际上是在挑战某些教育的传统,挑战我们对某些传统的认识;另一方面,影响一个学校声誉最重要的因素是她的毕业生在社会上的总体表现,尤其是优秀学生在社会上的表现,而不是学校的排名。

为了提高学校的办学质量,我们的人事工作还要进行相应的改进,甚至我们的校友与对外联络工作都要踏踏实实地推进。

这些只是我们学校的领导班子低调奋进,扎扎实实推进的一些举措。

四、不为排名所累

我想要给同学们以及全校所有干部和老师提一个建议,就是不为排名所累。我多次讲过,在一个存在浮躁氛围的环境中,谁能率先冷静下来,谁就能够赢得发展的先机。那么,这次的排名,我们从第七排到第八,其实我并不关心,今天同学们告诉我,我们排在第八,我想告诉同学们,我服气。中科大排在我们前面,我服气。我觉得他们实在有太多的东西值得我们学习。应该说，中科大是在中国的名校中浮躁氛围比较少的一所学校。我知道这个学校有很多的优良传统，我承认她比我们强。我还想告诉大家，那些排在我们后面的几所学校，我也并不认为他们的实力比我们差。所以，我希望我们能够踏踏实实地做好每一件事情，不要为排名所累。最后，我想说，消除浮躁的氛围，同学们也有义务和责任。在我们学校，首先我不应该浮躁，我们的干部和教师应该减少浮躁思想。作为学习和生活在这里的同学们，也应该有义务和责任。我们需要全体师生共同来营造一个良好的发展氛围。

（2008年1月10日晚就学校排名等问题与学生对话）

以"人本"为团队之魂

非常高兴有机会参与跟同学们的这样一次讨论。的确,我是主动跟刘玉老师[*]建议说,我想跟Dian团队的同学们一起总结一下过去,展望一下未来。因为,我觉得Dian团队经过这么多年的实践,应该说取得了很大的成绩,包括受到了中央领导的关注,这一点是非常不容易的。但是,越是在这个时候,咱们越需要总结过去,越需要展望未来。所以我很高兴,刚才刘老师说昨天晚上你们已经讨论了很长时间,你们已经有很充分的讨论了。刚才听了几个同学的发言,包括我们已毕业的老队员的发言,我也很受启发,很是感慨。我就说一下自己的看法,主要讲两个问题,第一个是在我心目中Dian团队成功的标志是什么,第二个就是提几个建议供大家参考。

第一,我觉得Dian团队成功的标志是大家的自觉性。我觉得这个团队,可以讲就是一个民间组织,不是我们学校官方组织起来的,甚至也不是院系,可不可以这样讲?所以,Dian团队是一个自发组织起来的学生团队。我们Dian团队的成员都有一种自觉性,也就是接受创新教育的自觉性,这点我认为

---

[*] 华中科技大学教授,Dian团队指导老师。

是很不容易的。在一个学校里面，如果我们是应景，或者是为了某种功利的目的，我举个例子，咱们为了迎接"挑战杯"大赛去组织个什么，诸如此类的，多半不能长久，不能持续，并且也不可能形成一个很有凝聚力的团队，这是我的一个想法。所以，我们 Dian 团队是这样一个没有什么功利目的、自发组织起来的（民间组织），当然这里面也有刘老师的特别指导，并不完全是我们学生自发组织起来的。不管怎么讲，学生的自觉性是很重要的，所以我认为这是一个很好的标志。

第二，就是主动实践，服务社会。我想这是在 Dian 团队里面表现得很充分的。主动实践我在学校里也讲了很多年，我把它上升到创新能力培养的关键。实际上，Dian 团队的实践，应该证明了这个说法是对的。另外，我感到很欣慰的是，大家有了服务社会的意识。我在学校的教学工作会议上强调过服务社会，因为我们学校把服务社会当作办学的一个重要的理念。这个理念应该不仅仅是表现在学校为企业做课题、做科研活动，这些当然是服务社会的一些非常重要的方面，我认为还有一个很重要的方面就是要让服务社会成为我们学生至少是某些学生的自觉意识。这一点很重要，在我们的一些优秀学生中间更要有服务意识。我不敢说，我们全体学生都能有这种自觉意识，这是很难做到的，但是在我们一部分优秀学生中间，应该是完全可以做到这一点。那么 Dian 团队，我想，你们的实践，应该是可以把服务社会的意识转化为你们的一种自觉意识。我想这种意识会让你们在今后一生的发展中受益。其实这个东西也不是很新鲜的玩意，我在学校的教学工作会议上讲到，我注意到国外就有一种所谓"Service Learning"，也就是"服务学习"。我去年去过我的母校 Wisconsin-Madison（美国威斯康星－麦迪逊）大学，他们就在推行服务学习的理念。所谓服务学习的理念，实际上就是让学生通过某些服务社会的过程和自己的学习结合起来。咱们 Dian 团队所进行的一些实践，比如跟企业合作，不就是服务社会的表现吗？我想，连西方国家的一些大学都能够推进服务学习的理念，我们社会主义国家有理由在这方面应该做得更好。这是第二个我认为很有标志性的地方。

第三个就是寓德育于创新教育之中，这一点是刘延东同志来的时候我特别加上的，因为这一点在我脑海里面是很关注的。坦率地讲，我当然关注大家拿了多少科研经费，做了多少课题，但是这不是我最关注的。我当然关注你们在这个过程中能力的锻炼，同时我非常关注寓德育于创新教育之中。我印象很深的是，有一次刘玉老师跟我讲到的一个很小的事情。一天晚上大风之后，树枝被风刮断了倒在路上，结果我们有很多同学是跳过去的。但是，刘玉老师告诉大家，咱们应该把它（树枝）拣起来放在一边，让其他的人和车可以顺利通过。你看，多么小的一件事情，但是这些事情告诉我们什么？这个不用我在这里讲的。我认为我们一个团队光是关注技术业务方面，就是说创新能力很高什么的，如果我们不去关注"德"方面，尤其是一些社会公德方面的事情，我认为那是很令人遗憾的。这恰恰是我们以前教育中间很欠缺的一部分。我讲的这个"德"

呢，像共产主义道德理想是很高尚的，你们在课堂中间也已经学过很多，但是恰恰是一些很基本的、一些所谓社会公德，这些东西它不需要很高的道德境界，这是做人很基本的素养。但在我们的教育中间，我发现对于这方面是欠缺的。其实我们也没有必要为这些东西去上课，咱们就是一个团队，在我们日常的学习、工作、生活之中，大家互相注意一下、提醒一下，就把这个"德"融入很多小的事情，就像"拣树枝"的故事一样，那我们是很成功的。所以这一点我们一定要好好地总结一下，我们自己对外宣传的时候，我们要把这个当成一个很重要的事情。不要以为好像我们取得了什么成果，获得了什么奖，那个才重要。在我心目中，那个不是最重要的。我不是说那些不重要，它当然也表明团队的实力，但在"德"这个方面甚至更重要！

第四个，我认为Dian团队在我心目中很成功的标志是具有很强的凝聚力，刚才张瑛同学（已毕业三年，是Dian团队武汉分站站长）提到这一点，我觉得非常好。那凝聚力最大的表现是什么？是我们那些已经毕业多年的老队员还在持续地关注Dian团队，这就是凝聚力的最大表现。我们还有其他很多很多的团队，有的团队的人走了之后就没什么联系了，更不用说是为了某种功利的目的而临时组织的团队。例如，院系组织起来的参加"挑战杯"的团队等，比赛完了就完了。咱们Dian团队有这样的凝聚力，我认为是很不容易的。这当然有刘老师很大的功劳、很重要的贡献，同时也有我们的同学这么多年在 Dian 团队中间形成的非常好的氛围。所以使得大家在毕业之后，回想在 Dian 团队的日子是令人难以忘怀的，是会给一生都留下永久的记忆的，这是我们成功的地方。如果我们学校很多很多团队都能够达到这种程度的话，学校的凝聚力就太强大了！我相信，大家一想到 Dian 团队不至于不想到华中科技大学，它是紧密地联系在一起的。如果咱们学校的很多团队都像 Dian 团队这样有这么强的凝聚力的话，我想那是非常成功的。当然我知道，另外一个也很不错的团队，规模没有你们那么大——联创团队，他们也有很强的凝聚力。一样的，他们已经毕业了很多年的老队员也会去关心甚至支持目前在校的联创团队的发展，我认为是很不容易的。

第五个，我想 Dian 团队的成功还在于她的文化建设，包括大家穿的队服这都属于文化建设里面的一部分。当然还有一些你们熟悉的东西，那都是一些很好的文化。这个文化它是逐步逐步自然形成的。所以我想，这一点也是 Dian 团队得以成功的很重要的因素。

我再说几点建议：

一个建议就是"三元"与"一元"。你们讲的"三元"是：教学、科研与团队合作，这当然非常好，对！但另外一方面，我希望我们还要记住一个"一元"。"三元"是咱们从表现形式上面提出的。那我问，咱们的"魂"是什么？最本质的东西是什么？咱们要有一个凝练，这个凝练我想咱们不要说很多元。一个很简洁的"一元"，能够成为咱们 Dian 团队之"魂"。也就是一说 Dian 团队，我们自己心中很清楚团队的"魂"是什么，这个"魂"深入到你自己的灵魂之中，而且我们要让 Dian 团队之"魂"让外界都清楚、都知道。那么，我请问诸位：这个"魂"是什么？咱们可以思考思考，我不妨在这里妄言，能不能就用"人本"两个字。为什么用"人本"两个字呢？咱们想一想，我们讲教育要提高学生的创新能力，我们讲"以学生为本"，这个很多学校都提，几乎没有哪个学校不讲"以学生为本"的。但是，我发现很多学校讲"以学生为本"讲的是生活上面怎么为学生考虑得多一些，你不能说那个是错的。但是最大的"以学生为本"是什么？——当是挖掘学生的潜能！那咱们 Dian 团队里面不是在挖掘学生的潜能吗？所以这是最大的以学生为本，我们思想上要有这个意识。所以我们在 Dian 团队里面，讲创新也好，讲其他的什么也好，你可以简而言之是"人本"。我们是以学生为本，挖掘自己的潜能。人本的思想还有很重要的一点，咱们要去关注人类及社会的重大问题，这个我在启明学院的一个会上讲过，我也讲过学生宏思维能力的培养。我前面说到的一个"人本"是挖掘我们学生自己的潜能，另外一个"人本"是咱们怎么去关注人类社会的一些重大问题，思考我们能够为人类、为社会、为别人做什么。这是很重要的，也是人本。所以，我建议我们总结 Dian 团队的经验的时候，"三元"是一方面，这是我们具体的做法，我们的表现形式，但是还有一个"一元"的东西我们不要忘记，那就是 Dian 团队之魂——人本。

第二个建议,我们把创新教育扩展到人文关注,或者是人文关怀,这个和前一个问题有一点相关,但不完全一样。我这里讲人文关注、人文关怀,不是说让大家读很多人文方面的书籍,上很多人文课,当然你们要是有精力去读人文书籍、去听人文课,这都是好的。但我讲的是,我们自己要明白人在社会上要有自由意志,这些方面我们以前不是很强调。创新思想需要自由意志。我不能设想一个人如果没有自由的思想驰骋,这个"人"我们或者说得大一点,这个民族、这个社会想成为富有创新精神的民族、富有创新精神的社会,那是不可能的。这种自由意志或精神是需要人们关注的,我们自己要对自己有这个要求。我们还要有超越精神,我相信我们 Dian 团队的队员都在不断地超越自己,这个非常重要。我在新生的开学典礼上讲过"超越",其实"超越"是个非常重要的品质素养,是我们整个中华民族都非常需要的。我们年轻读书的时候,更多的是老师教什么我们学什么,上面告诉我们什么我们听什么,我们缺少自己的思维。像以前那种教育模式是不适合中华崛起的需要的,培养不出未来中华民族需要的人才,是一定要改的。我们自己要有这种自觉的意识,我的意思就是告诉大家,不要把 Dian 团队仅仅看作是技术创新,如果仅仅停留在这个层次上,还不够高,我们还要更高一些,上升到人文精神。创新需要刚才讲的自由意志、超越等等,当我们上升到人文精神这个层面上时,可能就更不一样了。我希望同学们能理解这一点。

第三个建议,刚才有位同学也谈到了,就是综合素养的提高,而不仅是技术方面的创新。综合素养包括很多方面,像刚才有同学提到创业意识的培养。我有时候也在想一个问题,北大的工科不是很强,但是我发现北大的人还很有创新意识、创业意识;武大也没有很好的工科,但是武大当老板的人还真不少。我习惯看别人好的地方,我有时候在 BBS 看到有人说武大怎么怎么的,这个不好。咱们还是要看看人家的长处,我对武大怀有充分的尊重。我们应该想一想这个道理何在?我们很多校友讲:以前的华工学生在企业里很受欢迎。为什么呢?干活不错,能出活。仅仅是这个不够的。我们还需要多方面的人才,当然那方面的人才我们也要。我们 Dian 团队应该是可以培养一批综合素养很高的人才,要有领导力、创业能力,包括创新工作的组织。创新工作的组织和创新是不一样的。好在我们同学们当中已经有相当多的人已经注意到了这个问题,我认为是一个很好的现象。

第四个建议是为华中大团队文化做贡献。这是个什么意思呢?我讲到的 Dian 团队的成功原因之一是很注重文化的建设,我们 Dian 团队内部的文化建设。那我希望,Dian 团队在整个华中大形成一种很好的团队文化上能作出特殊的贡献。你们可以学习其他的团队好的东西。我希望 Dian 团队能和其他的团队有更多的交流。在一个没有竞争的氛围中间团队是不可能发展得很好的。一定是在竞争中、在交流中、在互相学习中不断吸取别人的优点,当然别人也会吸取你的优点,在这些过程中间,我相信华中大的团队就能形成一种百舸争流、百花齐放的局面，那才是真正的好的华中大团队文化。如果仅仅是 Dian 团队一枝独秀，我想 Dian 团队之花终究也要凋谢。我希望学生处要关注这一点。我刚刚的话是对 Dian 团队讲的，就是你们怎么去贡献华中大的团队文化。我希望你们有特别的、独特的贡献。这个我相信 Dian 团队一定能做到。

最后第五点就是我希望 Dian 团队不断进化，不断改善，continuous improvement。日本人很注意"改善"这两个字，日本人的企业总是能做到精益求精，不断地改善，后来美国人都学习他们。美国人翻译的就是 continuous improvement。不断地改进需要我们自我批判，自我否定。我们做得这么好了为什么还要自我批判，自我否定呢？这个是从哲学意义上说的，不是政治意义上的，比如我们否定 Dian 团队什么的。实际上改进就是在否定，就是对我们某些东西的否定。你之所以改进，就是因为存在不足。我相信，Dian 团队今天不是完美的，你们身上一定还存在某些不足，这个需要我们自我批判，自我否定。当然，这绝不是说我们从根基上否定 Dian 团队，恰恰相反，从根基上我们是非常肯定 Dian 团队的。刚才有位同学讲到要允许不同的声音，我认为这也算是我们 Dian 团队的一种文化自觉吧，很好，所以我听到那个观点的时候很高兴，我算是重复了一下吧。我相信 Dian 团队的发展是大有希望的，今后一定是会越来越兴旺的。

最后我说一点建议，不是对 Dian 团队的建议，而是对学校、对院系的建议。我希望大家对 Dian 团队多一份关注。尽管现在学校里应该是很关注的,我们院系领导也是很关注的,今天电信系党总支靳宝昌书记也到会场来了。所以他一来我就说:感谢靳书记的支持。你们会说:李培根你也来了,你肯定也支持 Dian 团队了?我当然支持 Dian 团队,那么说这些不是很废话吗?不是的,我想说的是,并不是我们所有人对 Dian 团队都有一个很充分的认识。这里面有一些很复杂的原因。我相信刘老师也不是一个完美的人,她肯定是有缺点的人。如果把刘老师的缺点放大的话,有人会说 Dian 团队算个什么呢,我们不能那样。我是很感动的,刘玉老师能每天工作到深夜,有时候在凌晨一两点的时候给我发邮件。我想一个人能对学生的培养投入到这种程度,执着到这个程度,我想她还能有多大的缺点咱们不能容忍呢?所以我希望咱们学校也好,院系也好,对 Dian 团队,包括对刘玉老师能有更多的支持。

今天我说了这么多,有些建议也不一定对,欢迎同学们提出批评意见。

(2009 年 11 月 30 日在 Dian 团队工作总结与
发展研讨会上的发言)

你们永远是华中科技大学的孩子

虽然还有一部分同学没有发言,但是已经发言的同学表达的一些内容,我相信在场的管理干部,和我一样感到这个座谈会开得很有收获。我们了解到同学们内心的感受和想法,我们自己也明白了更多的东西。

别的我不再多说,借这个机会,我首先送同学们一句话:善于转化。这是 20 世纪 80 年代我们的老校长朱九思先生讲我们的校风时讲的"敢于竞争,善于转化"。我抽出后面的四个字送给大家。我们挂科的同学不管怎么讲,还是处于一种非正常状态,但是这个状态绝对是可以转化的。所以,同学们,我希望你们可以认识到这一点。

我们说挂科的,甚至少数面临退学的同学,包括之前我说过的已退学的同学,我都想和你们聊聊。挂科也好,退学也好,当然是一种挫折。但是人生的挫折从另外一个角度来讲,也是很平常的事情。我们有很多勇敢面对挫折的例子,包括名人。我今天特意查了一下林肯的资料:1818 年,他的母亲去世;1831 年,经商失败;1832 年,竞选州议员失败,而且工作丢了,想去大学攻读法学学位,进不去;1833 年,又借钱经商,当年底破产,借贷款17年才还清;1835年订婚后就要结婚了,未婚妻却死了;1836年,精神完全崩溃,卧床半年;随后,一直有很多挫折,如竞选失败的例子很多。大家也可以查一下,他受过多少挫折。他这个人靠着多么坚强的意志,最终成为了美国总统。当然,我们并不是说只有做总统才算成功。一个人,哪怕在一个平凡的岗位上认真地做事,对社会有贡献,这也是成功的,不一定要当什么"家"。

大家从林肯的例子可以反思一下。一个人,如果能勇敢面对挫折的话,前面的路一样很宽广。同学们知不知道自己的潜能有多大?我看过一些书,心理专家认为,平均而言,人的潜能最初说只有6%被开发出来了,后来又有学者说只有4%。事实上,你们的潜能绝大部分没有发挥出来。其实很多事情,挂科也好,退学也好,已经成为事实了,无法改变,但是前面的路我们是可以选择的,可以勇敢面对的,我们是有能力的!你们应该记住,你们能做到!一定要建立起这样的自信。挂科的同学里有一部分是过于自信,然后偏科;也有同学很自卑,不自信。你们应该建立起这种自信。我们要思考怎么把挫折转化成新的动力。

我再举爱迪生的例子。曾经一把火,烧掉了他的整个实验室,损失100多万美元。这在当时算很多的了。而且工作记录也烧掉了,数据也丢了。这实在是太痛苦了。但他后来说:"灾难有灾难的价值,我们的错误全部烧掉了。现在可以重新开始。"他把灾难看成一种价值。我们可不可以像他一样把我们的挫折看成一种价值？我想是可以的。"挫折有挫折的价值，我们的错误全部清掉了，可以重新开始。"有时候一件坏事可以转化成好事，如果我们真的换个角度看，其实现实中，人生的道路是有很多条的，不一定是读了大学，然后再读研究生。所以，我希望同学们好好想想这个问题。我们怎么善于转化，你们可以经常思考一下。特别是当你不想上课，想玩游戏的时候，当你沉迷于虚拟世界的时候，都要想想自己还能不能转化，怎么转化。

我想送给大家的第二句话是：你们都是华中科技大学的孩子，永远是华中科技大学的孩子。在我的心目中，不是只有那些优秀的处于常态的学生；处于非常态的，也是华中大的孩子，哪怕是要退学的学生，我还是认为他们是华中大的孩子；就是已经退学的学生，也还是我们的孩子。我们没有理由对他们失去关爱。这个话我不是当着你们的面，讨你们的好说的。今年在学校的干部大会上，我对我们的干部讲到了这一点。我们就像一个大家庭一样。有的孩子可能表现不怎么样，那不怎么样就不是我们的孩子了？这一点我们心里很清楚。从我内心来讲，哪怕是那些退学的学生，只要今后需要母校的帮助，我们还是应该给予关爱和帮助。我希望学校里不光是我，更多的干部也好，教师也好，心里也要有这个概念。

至于说挂科很多的学生，更是需要这种关爱。你们是华中大的孩子，你们自己也要记住这一点，心里不要认为自己是被忽视的，没有人关注的，心里不要有这种想法。当然，我不敢说，学校里所有人都有"你们是学校的孩子，你们需要关爱"这样的想法，这不大可能，但你们也没有必要在意。你们为什么要在乎所有人都对你那么关注，对不对？即使我做校长，学校里也有学生，或者教师，对李培根是不在意的。这个没关系，学校永远认为你们是华中科技大学的孩子。

  第三句话是，我想表达一个心情，也说给我们广大的干部、教师听：那就是，要凭着教育者的良心，进一步审视我们自己的教育。我做校长也要凭着校长的良心。从我们的挂科甚至退学的同学身上进一步反思，我们的教育还存在什么问题，什么是需要我们不断改进的。校长要凭着他的良心，华中大也要凭着他的良心。我一开始就讲，你们的智力基础，不至于到今天这种非常状态。我能够理解的是，从高中到大学之后，有几种"力"突然消失了，在某些同学身上突然消失了。例如约束力，在中学的时候，可能家庭监督比较严格。吸引力，主要来自于爱，父母的爱。这也是一种力量，这些力量到大学后尽管还存在，但是由于距离的原因，就显得微弱了。另外，自我张力消失了。在高中的时候，虽然对人生的目的、价值不一定明了，但知道要考大学，这一点使你们保持一种自我张力。进入大学后，这种张力没有了。这样很多学生就容易陷入到迷茫里去。再加上一些力量拉拢你，比如网络的虚拟世界影响你、诱惑你。这些力量一起发生作用，于是出现了问题。对于我们教育者来讲，我们怎么办？我们面对这些情况，实际上还有很多可以做的事情，但是未能做得更好。比如我们有些辅导员是很辛苦的，但是，不是所有的辅导员都做得很好。我们的教师是不是都做得很好？比如在座的刘玉老师是做得很好的；但是这样的教师，还需要更多。刚才有同学提到，和学生关系比较近的，反而是在学校里的地位比较低的。这个话一定程度上反映了学校的现实，虽然不一定是百分之百。我不得不承认，一些很优秀的教授和同学的距离比较远。

总而言之，我们有很多方面需要改善。刚才大家也提了很多建议，我觉得我们需要仔细去研究。这对我们改进工作是非常有好处的。我尤其认为，我们需要爱心充满校园，一所大学需要大爱。这个话似乎很虚，但是我们仔细想一想，当爱心缺乏，这个学校的教育一定会出现很多问题；当充满爱心，这个学校的教育才会是好的。

当然客观地讲，横向比较，我们学校做得是比较好的。但是在我的心目中，觉得还有很多地方做得不够，就像对我们这些挂科的同学。

今天发言的同学有限，所以我相信至少在我们华中大，有部分同学，一方面觉得自己的存在被忽视了；另外一方面，你们对这个世界是不是也缺乏一种感情、缺乏一种爱？对我们的教育来讲，我们要告诉同学们，这个世界实际上是有很多值得我们爱的东西的，而不应该是逃避和憎恨。如果世界只充满憎恨的话，也就无所谓憎恨，因为这个世界有爱才会有恨，有恨才有爱。所以世界不可能只存在令人憎恨的一面。大量的事情值得你们去爱，包括你们日常生活的环境。你们要用你们的眼光，善于看到这个世界、你们的周围、你们的生活中间，存在的那些值得爱的东西。只有这样，你们对生活才有一份热情与希望。如果绝望，会使你自己封闭于现实，甚至干脆沉迷于虚拟的世界中。

所以，我要提醒我们的教育者，不要忘了对这些非常态的同学进行爱的教育。当然更重要的是，也是最好的教育方式，是让他们感到被爱。这个被爱，首先我们说学校要爱我们的学生，这个不是空洞的，也不可能只是校长的一个表达。被爱一定要体现在很多具体的人身上，教师、辅导员、干部等。真正来说，如果我们的教师、辅导员、干部的工作做得好，学生自然感到被爱。这个是互相联系的。我说到这一点，是希望我们的教师、辅导员、干部，对这些非常态的学生有更多的关爱。我举一个罗斯福的例子，他小时候患了小儿麻痹症，有一次父亲给他们兄弟姐妹每人一棵树，说要看看谁的树长得最好，就给予奖赏。因为罗斯福行动困难一些，给树浇水很不方便，他后来就产生一种想法，希望自己的树早点死掉。他也不去照顾树。但是很奇怪，他的树却长得很好。他听别人说，树在晚上长得快，于是就去偷偷观察，结果发现父亲在帮他浇树。罗斯福的父亲真的很伟大。他是想通过这种方式，使幼小的罗斯福建立一种自信，是给予他一种特别的关爱。我想，我们学校的教师也好，辅导员也好，干部也好，能不能对我们这些挂科学生，当他有这种苗头的初期，就施以一定的关爱？那样，情况肯定会好得多。所以，我们大家都要好好想想，我们作为教育者，当然也包括我自己，我们都要想一想，如何让爱心充满我们的校园。

刚才有一位同学谈到退学的事情。坦率地讲，我相信我们所有的干部也和我一样，是希望挂科的、更不用说退学的学生越少越好。成功的教育是把基础本来不好的学生塑造好。如果说本来基础就不错，智力也很好，结果在这个学校耗几年之后，进入一个非常态的阶段，这显然是我们不愿意看到的事情。给我写信的同学讲到他的看法，我们的教育不应该是"锄禾式"而是"剪枝式"。我是同意的，他的意思是，不是把这个苗除掉，而是学生进来之后，我们怎么剪枝，让学生发育成长得更好。问题就是，我们是不是取消退学制度？我想，首先退学这个问题不仅在中国，在国外也有。另外就是，我们从另外一个角度去想这个问题：退学制度是不是在一定程度上有利于在校的尤其是非常态的同学保持一种自我张力？如果我们取消这个制度的话，可能更不利于我们的学生保持自我张力，因而陷入更大的问题。还有一个，对于那些退学的学生，从好的方面来讲，有利于他们打破他已经陷入的那个非正常的状态。这个是值得我们去思索的。有些东西，我相信你们仔细想想，是都能够明白的。所以，恐怕取消这个制度还比较困难。但是我们首先声明，不是希望退学的人数越来越多，肯定是越少越好。当然也不是用一个方法让大家都过关，都不挂科，这也是不利于教育的。

还有同学提到，我们学生之间也缺乏这种关爱。具体来讲，我们的学工口是不是也能特别关注这一点，就是在同学们之间营造起很好的爱的氛围。爱心表现在同学们互相帮助、关心之中，而不是麻木冷漠。这一点，在我们年轻读书的时候，我们很强调互助。尽管现在时代改变了，但我们不应该走向另一个极端，我们同学之间的距离不应该拉到互相漠不关心，冷漠，这不是一件好的事情，我相信西方也不是这样。我接触过一些美国学生，他们很关心别人，而不是互相之间不过问。学生之间的关心，我相信比辅导员的作用更大。所以，我希望我们想办法建立起学生间相互关爱好的集体氛围。我们有没有可能研究一下，看看需要具体采取什么措施，在学生里开展一种爱心行动。爱心表现在方方面面，首先应表现在我们同学相互之间的关心和爱护。

我讲了这么多，希望我送给你们的几句话，你们回去以后，可以好好想一想。有什么困难，还可以找辅导员聊聊天。必要的时候，大家想找我聊天，我们还可以约时间，这是没有问题的。我希望你们也给那些由于某些原因没有来的同学捎个信。感谢大家的支持！

（2009年12月4日在与学习困难学生座谈时的讲话）

点亮未来

尊敬的各位来宾，各位老师，各位同学：

晚上好！首先我要向 Dian 团队十周年团庆表示衷心的祝贺，向 Dian 团队的所有老队员、新队员表示崇高的敬意。我也向我们 Dian 团队所有队员们表示衷心的感谢，因为这两年我说华中科技大学的教育正在变得生动起来，因为有了 Dian 团队，使得华中科技大学的教育更加生动。我也有一个梦想，希望华中科技大学的教育是真正的以学生为中心的教育，我的梦想是希望我们的学生在华中科技大学能够自由地发展，我想 Dian 团队正在进行着这样的实践。

说到中国高等教育，我曾经有过这样的表达，意思就是说我们的教育没有真正面向人，没有很好地面向世界，没有很好地面向未来，这是宏观上我对中国高等教育的总体看法。说没有很好地面向人，我甚至讲，中国的高等教育没有真正地对学生开放，这个意思是我们的教育没有真正地对学生的心灵开放，这是我们需要反思的。我说我们的教育没有很好地面向世界，在全球化浪潮正在成为趋势的今天，我们培养的学生怎么去更好地面向世界，未来在日益全球化的进程中，我们的毕业生怎么更能够更有竞争力,这是值得我们思考的。我说我们的教育没有很好地面向未来,在我心中高等教育不能够仅仅是面向我们当下的时代,我们应该面向未来,教育不能够仅仅是风向标。梁启超曾经在《少年中国说》这篇文章中强调要面向未来,不能够仅仅是"惟思既往"。不面向未来,我们的教育是有问题的,甚至我们的国家和民族都不会有太大的希望。所以我想,今后咱们的教育如何更好地面向人,面向世界,面向未来,这是华中科技大学的一个重要课题,当然也是中国高等教育的一个课题。

我很欣慰地看到我们的 Dian 团队,他们恰恰正在点亮人,正在点亮学子。在 Dian 团队,同学们的智慧得到开启,潜能得以充分发挥,这是不是点亮了人?在 Dian 团队,同学们不仅仅是在进行一系列的科技创新活动,我更欣慰的是,他们也在进行着人文体验,这一点非常重要。从这个意义上来讲,她也是点亮了人,点亮了我们的学子。还有,我相信 Dian 团队的故事的影响已经不仅仅是在 Dian 团队,不仅仅是在华中科技大学,她已经在中国,我相信日后,甚至会在世界产生影响,那么从这个意义上讲,她将点亮更多的学子。我相信,Dian 团队正在点亮世界,我们的 Dian 团队已经走出国门,他们的故事已经引起一些外国大学的注意。Dian 团队走出去的老队员,在世界各地,我相信未来他们会用他们的成就去点亮世界。我想 Dian 团队也在点亮未来,他们已经产生了很多很多的成果,像刚才我们大家看到的那些创新创业的故事,这些会点亮未来。更进一步,这些充满人文情怀的学子走向世界,更能够点亮未来。我希望对我们 Dian 团队而言,对于 Dian 团队的广大队员们而言,你们的未来是和国家、和民族的未来联系在一起的,希望你们能够用你们的智慧,用你们的激情,用你们的理想,去点亮中国的未来!

(2012 年 4 月 29 日在 Dian 团队十周年团庆上的讲话)

让书籍丰富我们的梦想

在世界读书日前夕,李培根特邀周凤琴*等人参加"学在华中大、共襄中国梦——读书与梦想"访谈活动。

今天的主题是"读书与梦想",主角应该是周凤琴女士和其他的几位师生。

在我从媒体上看到了周凤琴女士的报道后,觉得她平凡的事迹值得我学习,当然相信也值得我们广大同学学习。

"学在华中大"是我们的传统,周凤琴女士的读书,为"学在华中大"增添了一道亮丽的风景线。

"共襄中国梦"也是这次活动的主题之一。习近平总书记提到"中国梦",是现在在全中国乃至全世界都很关注的。"中国梦"的基调是希望我们的国家富强,人民幸福。"中国梦"是靠每个人的具体的梦来共同组成。我想,实际上周凤琴女士的梦也是"中国梦"的一部分,同学们要从她读书的经验中有所启发。

---

* 华中科技大学学生公寓某楼栋管理员,爱读书和听讲座,被学生们称为"最美楼管阿姨。"

我想大家可能都想知道,周凤琴女士现在读书为了什么?同学们读书,可能是为了将来成为科学家、企业家、政治家,当然这些都是国家需要的,这是你们的梦想。但是周凤琴女士大概不想成为科学家,大概也不想成为企业家,也不想成为政治家,她为什么读书? 这是我们要去思考的。恰恰也正是这一点令我更加尊敬她。

哲学家赫舍尔曾经提过这样一个问题:人是谁? 他的观点是,人始终处于一个开放的、不确定的、未定型的状态,所以人始终在成长,这个成长一直到人生命的终结。我想,周凤琴女士读书实际上就是为了她的成长。她不想成为科学家、政治家,她读书没有任何功利性,目的很单纯,就是为了自己的成长。她还在成长,这个成长我相信会一直持续到她生命的终结。我们每一个人,都应该像她这样去想。我们的一生其实都在不断成长,这个成长过程中需要我们不断学习、丰富自己。

我还有一个感慨,周凤琴女士读的很多书是没有特定目的的。像我们读很多书,很多时候目的很明确,为了专业或者工作所需。我们要善于读书,不仅仅是要读有用之书,所谓有用之书是指有特定的目的,为了工作和专业需要所读的书。我们还要善于读无用之书,这个无用之书则没有特别的用途和目的。读无用之书是很重要的,不善于读无用之书就很难丰富自己。孔子讲"君子不器",我们如果只读有用之书充其量只是一个"器"。其实,无用之书并非真的"无用"。无用之书读多了,真可能有大用。

我从周凤琴女士身上学到了很多东西，她令我非常感动。其他几位嘉宾也有很多值得我学习的地方。比如陈骁，他四处旅行，这就是善于读无字之书。在旅行中，我们可以接触大自然。大自然更是一本奇书，从中可以读到很多东西。当你看到浩淼的天空，你会觉得心胸很开阔；当你看到大海、大山、沙漠，都可以从中去读很多东西。不仅是大自然，社会也是一本读不完的书。我们要善于去读这种无字之书。我希望同学们能够从中得到启示。何谓读无字之书呢？你要去想，要去思考。善于思考的人就会从中不断领悟。

同学们现在很年轻，更是应该要抓紧时间多读书。大学是成长的关键时期，对一个人的未来影响也是很大的。希望同学们向周凤琴阿姨学习，向其他几位善于读书的嘉宾学习，多读点书。

让书籍丰富我们的梦想，让书籍成就我们的梦想！

（2012 年 4 月 22 日）